Vinho com design

Administração Regional do Senac no Estado de São Paulo
Presidente do Conselho Regional: Abram Szajman
Diretor do Departamento Regional: Luiz Francisco de A. Salgado
Superintendente Universitário e de Desenvolvimento: Luiz Carlos Dourado

Editora Senac São Paulo
Conselho Editorial: Luiz Francisco de A. Salgado
　　　　　　　　　Luiz Carlos Dourado
　　　　　　　　　Darcio Sayad Maia
　　　　　　　　　Lucila Mara Sbrana Sciotti
　　　　　　　　　Luís Américo Tousi Botelho

Gerente/Publisher: Luís Américo Tousi Botelho
Coordenação Editorial: Ricardo Diana
Prospecção: Dolores Crisci Manzano
Administrativo: Verônica Pirani de Oliveira
Comercial: Aldair Novais Pereira

Edição e Preparação de Texto: Adalberto Luís de Oliveira
Coordenação de Revisão de Texto: Janaina Lira
Revisão de Texto: Sandra Regina Fernandes e Carolina Hidalgo Castelani
Coordenação de Arte: Antonio Carlos De Angelis
Projeto Gráfico e Capa: Manuela Ribeiro
Imagem de Capa: Amato Cavalli
Coordenação de E-books: Rodolfo Santana
Impressão e Acabamento: Coan

Proibida a reprodução sem autorização expressa.
Todos os direitos desta edição reservados à
Editora Senac São Paulo
Av. Engenheiro Eusébio Stevaux, 823 – Prédio Editora
Jurubatuba – CEP 04696-000 – São Paulo – SP
Tel. (11) 2187-4450
editora@sp.senac.br
https://www.editorasenacsp.com.br

© Editora Senac São Paulo, 2019

Dados Internacionais de Catalogação na Publicação (CIP)
(Jeane Passos de Souza – CRB 8ª/6189)

Gurgel, Miriam
　　Vinho com design / Miriam Gurgel, Agilson Gavioli – São Paulo: Editora Senac São Paulo, 2019.

　　Bibliografia.
　　ISBN 978-85-396-2659-5 (impresso/2019)
　　e-ISBN 978-85-396-2660-1 (ePub/2019)
　　e-ISBN 978-85-396-2661-8 (PDF/2019)

　　1. Vinhos : Áreas comerciais : Arquitetura de interiores 2. Vinhos : Áreas comerciais : Design de interiores 3. Vinícolas : Arquitetura de interiores 4. Adegas : Design de interiores 5. Vinhos : Design de garrafas 6. Vinho (Produção) I. Gavioli, Agilson. II. Título.

18-812s
　　　　　　　　　　　　　　　　　　　CDD – 725.2
　　　　　　　　　　　　　　　　　　　　　　663.2
　　　　　　　　　　　　　　　BISAC ARC007000
　　　　　　　　　　　　　　　　　　TEC012000
　　　　　　　　　　　　　　　　　　CKB126000

Índices para catálogo sistemático:
1. Vinhos : Áreas comerciais : Arquitetura de interiores　725.2
2. Vinho (Produção)　663.2

MIRIAM GURGEL
AGILSON GAVIOLI

Vinho com design

EDITORA SENAC SÃO PAULO, SÃO PAULO, 2019

sumário

NOTA DO EDITOR, 7

AGRADECIMENTOS, 9

DEDICATÓRIA, 11

INTRODUÇÃO
O DESIGN NO UNIVERSO DO VINHO, 13

    Design... um processo criativo, 15
    Influências no design, 15
    Design e o vinho, 23

PARTE 1
O VINHO, 31

1. UMA BREVE HISTÓRIA DO VINHO, 33

    A descrição do vinho, 33
    Lendas sobre os vinhos, 35
    O vinho na civilização greco-romana, 37
    O período da Idade Média e o Velho Mundo vinícola, 38
    O Novo Mundo, 44

2. A SUA PRODUÇÃO, 49

    A matéria-prima: as uvas, 49

3. AS TRÊS FAMÍLIAS DE VINHOS, 53

    Processos de produção, 56
    Os espumantes, 64
    Os vinhos fortificados, 65

4. O SERVIÇO DO VINHO, 69

    A conservação das garrafas, 69
    As temperaturas de serviço, 70

5. DEGUSTAÇÃO, 75

    Visual, 75
    Olfativa, 78
    Gustativa, 80
    Harmonização e consumo, 82

PARTE 2
O DESIGN E O ESPAÇO, 87

6. O DESIGN, SEUS ELEMENTOS E O DESIGN SENSORIAL, 89

    Design sensorial, 89
    Os elementos do design, 92

7. WINE BARS, VINOTECA, WINE SHOP, ENOTECA, CELLAR, BODEGA, CAVE, GARRAFEIRA E ADEGA, 95

8. A CULTURA DE SABOREAR UM CÁLICE DE VINHO E A TEORIA DOS TERCEIROS LUGARES, 103

9. O DESIGN DOS TERCEIROS LUGARES PELO MUNDO DO VINHO, 109

10. HISTÓRIAS E ESPAÇOS COM HISTÓRIAS, 143

11. BACO, VINHO E DESIGN, 155

Dioniso, para os gregos; Baco, para os romanos: o deus do vinho, do êxtase e do entusiasmo na mitologia, 155

12. DESIGN DE GARRAFAS, DECANTERS, SACA-ROLHAS E TAÇAS, 161

Garrafas, 163
Decantadores ou decanters, 170
Rótulos, 172
Rolhas e tampas, 176
Saca-rolhas, 178
Taças, 181

13. BRANDING E MERCHANDISING, 185

14. ERGONOMETRIA, ARMAZENAMENTO E MEDIDAS BÁSICAS, 191

Adegas segundo o tipo de funcionamento, 194
Design de adegas e espaços de degustação residenciais, 197

15. VINHO E AS NOVAS VINÍCOLAS, 205

A aplicação do design passivo, 206

16. O VINHO E AS ARTES, 217

Filmes e séries televisivas, 217
Literatura, 220
Música, 222
Pintura e escultura, 223

ANEXO
WINE BARS, WINE SHOPS, ENOTECAS, CAVES, ADEGAS..., 225

BIBLIOGRAFIA, 229

Sites, 232

SOBRE OS AUTORES, 235

CRÉDITOS DAS IMAGENS, 237

nota do editor

A história do vinho é fascinante! Ela remonta a um passado verdadeiramente ancestral, e conhecer lugares concebidos para a sua produção, venda e consumo tem um apelo ao nosso universo mais íntimo, uma vez que se trata de uma bebida ligada aos ritos, sejam religiosos, sejam sociais.

Dados divulgados pela pesquisa *Brazil Landscapes 2017*, da Wine Intelligence's, mostram que o mercado de apreciadores do vinho no Brasil saltou de 22 para 30 milhões, entre 2010 e 2017.

Os consumidores passaram a frequentar cursos que ensinam não só a saborear como também a diferenciar os vinhos elaborados com uvas de distintas regiões do mundo. A degustação e harmonização da bebida com diferentes pratos tem sido uma experiência bastante atraente para os amantes da gastronomia.

Com essa nova tendência crescem os espaços que celebram o vinho, e o design, aplicado não só na arquitetura – visando um público-alvo específico –, mas também na iluminação, nas texturas, nas cores e nos aromas, é um forte aliado no marketing de wine bars, vinotecas, enotecas, caves e adegas que buscam seu lugar no mundo competitivo dos vinhos.

Lançamento do Senac São Paulo, *Vinho com design* trata não só da história de como é feita e consumida essa bebida "que funde o bebedor à divindade", mas também dos diferentes lugares e seus designs concebidos para transformar o ato de beber uma taça de vinho em uma experiência ampla ao mesmo tempo que íntima, multissensorial ao mesmo tempo que íntegra.

agradecimentos

Ao Matt pelas viagens, fotos e compreensão; à Vera Regina pela paciência e companhia pelo mundo do vinho.

Aos que nos receberam, nos apoiaram em todas as ações, nos mostraram suas conquistas e feitos e que nos ensinaram tanto sobre essa bebida maravilhosa!

A todos que participaram, de uma forma ou de outra, da construção desse conhecimento, que contribuíram com seu tempo, suas obras, ouvidos e palavras, e, principalmente, por compartilhar conosco um cálice de vinho!

Agradecemos à psicanalista Maria Cristina Marrey pela dedicação e pelo tempo empregados para escrever e nos ensinar sobre Baco, e à Andrea Marrey pelas fotos.

dedicatória

Neta de portugueses, cresci ouvindo minha mãe tocar e cantar fado, memórias que jamais serão perdidas!

Para minha mãe Binda, pelo fado, pela gemada, por me apresentar Florbela Espanca e pela minha portuguesice!

Miriam Gurgel

MULHERES VESTIDAS DE
BRANCO ME FAZEM CHORAR,
VESTIDAS DE MEL ME
ADOÇAM O OLHAR E
VESTIDAS DE VINHO ME
FAZEM CORAR.
EXTRAÍDO DAS UVAS,
FEMININAS FORMAS,
NATURAL BEBIDA É O VINHO!
BEBIDA QUE ENCANTA COMO
AS MULHERES,
QUE EMBRIAGA COMO
AS MULHERES,
E NOS PÕE A SONHAR ...
COMO AS MULHERES!

À minha mulher Vera Regina, raiz que me suporta e nutre com o seu apoio incondicional; aos meus filhos Alexandre, Felipe e Renato, que são os frutos dessa árvore, e também à Lidiana, nora que nos presenteou com a pequena Alice, minha primeira neta.

Agilson Gavioli

INTRODUÇÃO

o design no universo do vinho

EU BEBO A VIDA, A VIDA, A LONGOS TRAGOS
COMO UM DIVINO VINHO DE FALERNO
POISANDO EM TI O MEU OLHAR ETERNO
COMO POISAM AS FOLHAS SOBRE O LAGO...

Florbela Espanca, O NOSSO MUNDO

Transformar o ato de beber uma taça de vinho em uma experiência multissensorial é a tendência mundial que aqui analisamos, além de oferecer um pouco da história de como é feita e consumida essa bebida tão apreciada pelo mundo.

Entre tantos locais que hoje oferecem bom vinho em um espaço especialmente criado para seus apreciadores, tanto no Brasil como pelo mundo, foi difícil escolher quais incluir neste livro. Buscamos espaços diferentes e frequentados mais por locais do que por turistas para poder ter uma ideia mais real de como cada povo aprecia seu vinho. Entre as vinícolas, não foi diferente; são muitas, dentre elas escolhemos as que representam seu país por alguma razão especial.

A cadeia produtiva relacionada ao vinho passou a buscar nos últimos anos soluções sustentáveis e ecológicas, além de novos produtos para atender a uma gama cada vez maior de novos consumidores tanto principiantes como gourmets.

Essa nova tendência faz crescer os espaços dedicados ao vinho, e, para poder conceber corretamente o design para cada um deles, é preciso conhecimento desse mundo de cores, aromas e sabores a fim de que ele possa corresponder à necessidade de distintos consumidores. Cada um de nós tem suas próprias razões para beber uma taça de vinho, razões estas que podem ser culturais, pessoais ou comportamentais. Alguns consumidores já são ou gostariam de ser conhecedores especializados; outros querem simplesmente apreciar com amigos uma bebida de que gosta!

Em **Portugal**, por exemplo, houve a revitalização do Porto, buscando atrair consumidores e turistas ao país – que passava por profunda crise econômica –, e o vinho português está novamente atraindo milhares de novos gourmets à cidade. Lá podemos encontrar propostas diferenciadas de wine bars, restaurantes gourmets e vinícolas que oferecem excelentes vinhos e restaurantes especializados em combinar seus pratos aos vinhos produzidos nas quintas, além do enoturismo que se difunde mundo afora.

Essa nova forma de turismo permite desde experiências de vivência da produção da bebida por meio de participação na vindima (colheita dos cachos de uva) ou na hora de macerar a uva com os pés, passeios com guias que explicam toda a cadeia de produção do vinho ou ainda dormir em hotéis ou frequentar spas instalados nas vinícolas.

A **Austrália**, com seu vinho jovem, também impressiona com suas vinícolas enormes, preparadas para shows, encontros, casamentos, etc. Além de sua atmosfera caracteristicamente diversificada onde é possível encontrar desde jovens com suas sandálias havaianas e bermudas até sofisticados consumidores.

A **China**, com suas vinícolas gigantescas, inspiradas nos *chateaux* franceses, não fica atrás. Para alguns críticos, devido a magnitude e proporções das novas construções e empreendimentos, essas vinícolas se assemelham à Disneylândia norte-americana, alimentando a ideia do "vamos construir que os clientes aparecerão".

A **Itália**, baseada no enoturismo, começa também a investir para atrair novos consumidores, com projetos arquitetônicos das novas vinícolas assinados por grandes arquitetos, com construções sustentáveis e, logicamente, com um vinho fabuloso. Novas propostas de vinhos também começam a polvilhar pelo país, na busca de reter para si uma fatia desse mercado de novos consumidores.

Foram tantos os locais visitados, tantas as pessoas interessantes que compartilharam conosco suas histórias... Infelizmente, somente uma pequena parte pôde ser registrada neste livro. Mas uma parte não menos importante.

ASSIM VAMOS VIAJAR POR ESSE MUNDO DE SABOR, AROMA, CORES, FANTASIA E CONFRATERNIZAÇÃO!

Design... um processo criativo

Design é um **processo criativo** que está presente em praticamente todos os lugares, quer se note ou não. Poderá ter sido aplicado, na busca de uma solução para um projeto, de forma inconsciente, intuitiva, ou seja, sem que se tenha dado conta de sua aplicação.

Já os profissionais da área do design – que buscaram, por meio da aplicação de regras e princípios básicos, uma solução eficaz para uma determinada questão ou problema – terão utilizado o design de forma consciente, pois dominam seus princípios e elementos e sabem como utilizá-los para alcançar um determinado objetivo.

No universo do vinho não será diferente. Ali estarão presentes todos os elementos do design (espaço, linhas, textura e padronagem, forma e contorno, luz e cor) e serão aplicados todos os seus princípios (equilíbrio, ritmo, harmonia, unidade, escala e proporção, contraste, ênfase e variedade), desde a plantação dos vinhedos até o produto final, o vinho.

Do engarrafamento do vinho e seu branding ao ponto de venda e, principalmente, aos locais de consumo, o design buscará soluções diferenciadas e eficazes. No entanto, esses locais de agregação, que apresentam características culturalmente tão próprias de país para país, infelizmente tendem a ficar padronizados, dada a globalização que nos cerca, nos unifica e nos torna cada dia mais "parecidos" uns com os outros. Contudo, aos poucos, aquelas singularidades culturais, que uma vez foram razão de orgulho de cada um dos povos, vão sendo esquecidas.

Influências no design

É importante considerar que alguns fatores influenciarão de maneira bastante significativa o resultado de um projeto em que se aplica conscientemente o design. Esses fatores, que variam segundo o público-alvo escolhido para o projeto, são:

- **Conceito e estilo adotados** para o resultado final do projeto definirão cores, formas, linhas, detalhes e muitos outros pontos importantes da composição. Cada estilo segue diferentes características estéticas que devem ser consideradas e respeitadas, a fim de garantir a integridade conceitual estabelecida na diretriz do projeto.

- **CAFFÈ DEL MONTE**, um wine bar de Pesaro, Itália, criou um estilo próprio e diferenciado. Utilizou cores neutras para o pano de fundo da composição e colocou a atenção nos detalhes compositivos, como nos ladrilhos hidráulicos em parte do piso, atrás do bar e nas mesas. A iluminação nas sancas e principalmente a dos lustres e candelabros de cristal são pontos de interesse fortes e importantes no resultado visual final do projeto.

- **Materiais e tecnologia** disponíveis poderão possibilitar soluções mais criativas e diferenciadas. A importância da pesquisa para

os profissionais do design se manifesta principalmente nessa área, em que a falta de conhecimento de novas tecnologias e materiais induz à repetição de soluções, algumas vezes bastante conhecidas, com um resultado final consequentemente comum.

VINUM ENOTECA é uma loja de vinhos em Bolzano, Itália, que optou por um design minimalista. Utilizou a tecnologia em painéis de LED distribuídos pela loja e que alternam informações sobre diferentes tipos de vinhos. As paredes são compostas por estantes incorporadas à arquitetura de interiores, criando

relevo e dando movimento. O balcão central, peça principal no projeto, recebeu textura e design gráfico e se destaca no ambiente de paredes e teto brancos. As luminárias pontuais com LED são criativas e interessantes, além de não "competir visualmente" com o balcão. As "linhas" criadas pelas luminárias no teto, além de acentuar a profundidade do espaço, dirigem o olhar para a porta de vidro, ao fundo, que dá acesso à sala de cursos sobre vinho.

> **NÃO USAMOS OU APLICAMOS ALGO QUE NÃO CONHECEMOS! A FALTA DE PESQUISA INDUZ A RESULTADOS CONHECIDOS E POUCO CRIATIVOS!**

- **Fatores socioculturais e religiosos** presentes na vida dos diferentes povos são considerações indispensáveis em qualquer projeto. Definido o público que se deseja atingir, ou seja, o público-alvo, ficarão estabelecidos os fatores a serem explorados, respeitados ou que deverão ser eliminados do projeto caso interfiram no público consumidor escolhido. Esses fatores podem ser, por exemplo, o significado de uma determinada cor, alguns símbolos gráficos (religiosos ou não), a forma de vestir ou de executar certas tarefas, os espaços necessários para a movimentação de consumidores específicos, os elementos importantes para uma determinada cultura, e assim por diante.

O **ESTACA ZERO**, restaurante e casa de fado localizada no bairro da Alfama, na região do fado em Lisboa, apresenta um design simples que favorece a arquitetura de interiores do espaço onde está instalado. Com móveis em madeira bastante formais, utilizou as paredes para homenagear o fado português, que é um elemento fortíssimo da cultura de Portugal.

As guitarras portuguesas utilizadas para tocar as canções de lamento no horário noturno ficam penduradas em uma das paredes do restaurante, onde também há partes das caixas de madeira das embalagens de famosos vinhos do Porto. Em outras paredes estão dispostas caricaturas dos mais famosos cantores portugueses. Fado, comida portuguesa e vinho se associam em uma total exaltação e reverência à cultura do país.

Frequentado basicamente por locais que ali jantam, petiscam ou simplesmente ouvem fado, saboreando um cálice de vinho em uma atmosfera informal, esse tipo de restaurante acaba sendo o lugar ideal para quem deseja se misturar às pessoas da cidade e vivenciar uma experiência de vinho como um autêntico português, não voltado para um público de turistas.

- **A globalização e a internet**, como já dissemos, estão cada vez mais subtraindo as diferenças existentes entre as culturas ou, melhor dizendo, estão contaminando as culturas com denominadores comuns anteriormente inexistentes e que são facilmente aceitáveis graças aos meios de comunicação de massa que, de certa forma, impõem novos costumes e modas.

A "desculturalização" dos locais de consumo muitas vezes nos priva da oportunidade de vivenciar uma variação cultural, de experimentar sensações novas, de aprender com o diferente.

Frequentemente encontramos nos diversos wine bars soluções espaciais que poderiam estar em qualquer país do mundo, dada a total falta de características culturais particulares presentes no design. Esses espaços, de certa forma, parecem renegar o próprio modo de viver daquele povo, buscando ou "emprestando" de uma outra cultura o seu modo de viver, de experimentar ou de se comportar.

OS MODISMOS FORTEMENTE DIFUNDIDOS PELA INTERNET SÃO OS RESPONSÁVEIS PELA PADRONIZAÇÃO DE COMPORTAMENTOS E DE SOLUÇÕES ESPACIAIS, E PELA CONSEQUENTE DESCULTURALIZAÇÃO QUE INVADE AS SOCIEDADES.

Porém, a globalização e a internet são bastante positivas quando permitem o acesso a materiais e tecnologia até então desconhecidos, ou mesmo o acesso a novos modismos – que deveriam ser adaptados às necessidades e características locais de cada cidade.

Quando utilizada uma solução "temática", essa preocupação desaparece, pois sabemos que ao visitar um local com essa estética encontraremos a representação de uma época, de um estilo, de um país diferente do nosso e vamos a esse local exatamente por essa característica.

O design da loja **QUINTA DO NOVAL**, em Portugal, possui um projeto simples, porém sofisticado, e muito eficaz. Os móveis de design contemporâneo, com linhas retas e em um esquema de cor acromático, tenderiam a criar um ambiente bastante impessoal, masculino e que poderia estar localizado em qualquer lugar do mundo. No entanto, a arquitetura de interiores ajudou a quebrar a austereza, dando certo aconchego ao utilizar paredes em pedra.

Os grandes painéis mostrando a vinícola e o grande monitor LED, que exibe as colinas de plantio, acrescentam uma referência bastante forte ao espaço, identificando o ambiente como um local diretamente ligado ao vinho produzido em Portugal.

As mesas altas facilitam a degustação, já que o sommelier fica em pé e pode facilmente andar e passar por entre uma mesa e outra.

- **Sustentabilidade e ecologia** são dois fatores que estão cada vez mais presentes em etapas diferenciadas dos projeto, e no mundo do vinho não é diferente. Vinhedos sustentáveis, sem agrotóxicos, passaram a ser prioridade na

nova indústria do vinho, que busca soluções ecológicas para toda a cadeia produtiva, inclusive para o local de consumo da bebida.

Algumas vinícolas europeias, por exemplo, que sofrem grandes variações de temperatura entre o verão e o inverno rigoroso adotam soluções arquitetônicas totalmente sustentáveis e com total respeito à ecologia. O consumo de energia também passou a dar diretrizes para o design de algumas vinícolas ou mesmo para os estabelecimentos comerciais onde o vinho é consumido.

A vinícola **TENUTA BIODINAMICA MARA**, na Itália, adotou a biodinâmica para seu sistema produtivo, ou seja, um sistema com pouquíssima interferência humana no ecossistema onde são cultivadas as vinhas.

Foram também observadas diversas questões no design da vinícola, como temperatura, iluminação e umidade do ar em todos os ambientes onde estão presentes as etapas da transformação das uvas em vinho.

O espaço da fermentação recebeu a melhor tecnologia disponível e a garantia de nenhuma intervenção como manipulação, aditivos ou fermentos. Quando o ritmo natural da fermentação se completa, é transmitido por "queda natural" (gravidade) aos barris que se encontram em um espaço subterrâneo.

A sala onde os processos de conservação e de envelhecimento ocorrem é de um design bastante intrigante, teatral. Música, iluminação e arte se misturam, evocando o design sensorial. Há ali uma fonte, que garante a umidade necessária do ar, além de acrescentar arte e mistério, sendo ladeada pelas figuras de dois guardiões.

O barril de madeira em forma de ovo, ao centro, evoca a perfeição, objetivo da vinícola, enquanto os demais barris tocam a terra, mantendo assim uma conexão com a natureza até o último instante da produção do vinho.

Design e o vinho

No que diz respeito à bebida propriamente dita, o design estará presente:

- Na **escolha do tipo ou dos tipos de uvas** que deverão ser plantadas para que se obtenha o vinho desejado. Cada uva apresenta características próprias que devem ser analisadas e combinadas para se chegar ao objetivo final, ou seja, um vinho particular e diferenciado.

'S TRAMINER WEINHAUS é uma *casa del vino* (loja de vinhos, enoteca), localizada na Strada del Vino del Sudtirol, Itália, onde as grandes vigas foram decoradas com pinturas representando os diferentes tipos de uvas que existem na região. Pela loja estão distribuídos também pequenos cartazes com informações sobre cada tipo de uva e a região onde está plantada. Esse tipo de decoração ajuda o comprador a conhecer melhor o vinho que está comprando, além de informar os consumidores. A região do Sul do Tirol sofre uma forte influência austríaca, o que pode ser observado já no nome da enoteca.

- No **plantio e manutenção dos vinhedos** o design estará na adaptação do plantio em relação às condições do terreno ou vice-versa (plano ou com inclinação); no favorecimento das condições climáticas (insolação e ventos); na adaptação ao tipo de colheita (manual ou com máquinas) e ao tipo de uva, e consequente espaçamento entre as plantas; no favorecimento do tipo de poda, etc.

A **REGIÃO DE WACHAU**, nas redondezas de Viena, na Áustria, é famosa por seus muros de pedra seca, considerados verdadeiras obras de arte seculares. Esses muros são fundamentais para a vinicultura da região, pois, além de sustentarem os platôs em que se dá o plantio nas colinas, evitando sua erosão, por não serem construídos com argamassa, possibilitam que a água das chuvas escoe por entre as pedras, evitando o empoçamento da água. Outra importantíssima função é que esses muros armazenam calor durante o dia (material com massa térmica) e o eliminam durante as noites frias, criando um microclima favorável à sobrevivência das videiras. Por essas várias funções técnicas e por sua beleza estética, preservar esses muros é fundamental para a manutenção da produção vinícola da Áustria.

- Na **produção da bebida** entram em cena o design dos espaços para a produção e armazenamento, o design tecnológico aplicado ao maquinário utilizado na produção, engarrafamento e transporte, além de outros componentes.

A **QUINTA DE ARCOSSÓ**, na região de Trás-os-Montes, em Portugal, tem sua produção em um galpão especialmente construído para essa função. O projeto arquitetônico foi desenvolvido em três níveis, aproveitando o declínio natural do terreno e permitindo, assim, que a gravidade auxilie no processo produtivo.

As uvas são recebidas e depositadas por caminhões no nível mais alto do galpão, onde são "pisadas" para extração do suco (mosto).

Por gravidade, parte desse mosto é transferida para o segundo piso, onde estão localizados os tanques de fermentação, fabricados em aço inox e com controle de temperatura. Ali o mosto fermentará durante o período necessário. A outra parte será transferida para fermentar em um grande tonel de madeira.

Após a etapa de fermentação, o vinho dos tanques metálicos, depois de filtrado, "desce" mais uma vez, graças à gravidade, para ser engarrafado, e o de categoria superior, do grande tonel de madeira, será transferido para ser armazenado em barris de carvalho, para amadurecimento, engarrafamento e posterior distribuição.

- Na **criação da marca e branding** o design se manifesta no nome, no logotipo, no tipo de letra, nas cores, nas garrafas, nos rótulos, nas embalagens, na criação de produtos para reforçar a marca, nos expositores das garrafas, por exemplo (ver "Branding e merchandising", p. 185).

O vinho Erbon, produzido na aldeia do Seixo, em Portugal, utiliza no design de seu logotipo a estilização da fachada da capela existente na quinta.

O logo, que faz referência a uma construção importante e de grande valor histórico, está presente na entrada do hotel e restaurante **CASA GRANDE DO SEIXO**, instalado na propriedade, nos rótulos dos vinhos e dos produtos produzidos na estrutura, e ainda nas embalagens para transporte dos vinhos.

- No **serviço e na apresentação**, o design estará presente a fim de proporcionar uma "experiência" no momento do consumo do vinho. Os copos, a forma estética do **wine tasting** (degustação), os utensílios empregados para abrir a garrafa, o decantador utilizado, etc.

A degustação é um dos pontos fortes da maioria das vinícolas. A **VOYAGER ESTATE**, na Austrália, criou uma sala especial para pequenos grupos que desejam mais do que uma simples

degustação, ou seja, que querem aprender muito mais sobre vinhos, copos, decantadores e qualquer outro elemento relacionado à bebida. A iluminação direta sobre a mesa permite a visualização correta das cores dos vinhos, auxiliando nas anotações durante os cursos.

- Nos **locais de venda e consumo** o design estará fortemente expresso na concepção dos interiores, sendo responsável pelas diferentes atmosferas propostas ao consumidor, e que são adaptadas certamente a diferentes públicos.

O design de interiores pode ser considerado como "filtro" de consumidores, pois atrai a presença de um determinado público-alvo enquanto repele, naturalmente, a entrada de pessoas que não se identificam com o ambiente proposto. Deverá ainda estimular o consumo dentro do próprio estabelecimento, graças à sua atmosfera. Já nos locais de venda será responsável pelo estímulo à compra do produto, facilitando as vendas.

O **TÁBUAS – PORTO WINE TAVERN**, local onde se pode beber e comprar vinhos portugueses, está instalado dentro de uma das inúmeras construções antigas de Lisboa, em Portugal. O nome Tábuas reflete o tipo de alimentação que servem, ou melhor, indica que são servidos apenas petiscos em tábuas de madeira.

Sua ambientação é bastante característica, e o motivo "vinho" está por toda parte – nas mesas e bancos feitos com barris, nas inúmeras garrafas de vinho à venda e em exposição nas prateleiras, na rede, contra a parede, que coleta as rolhas extraídas das garrafas abertas e servidas no local, nas garrafas de vinho que decoram o teto, nos posters que mostram caves e em todos os detalhes da taverna.

Como o estilo adotado é bastante tradicional, os consumidores que ali entram sabem que não será possível saborear uma refeição gourmet "*paired*" (harmonizada) especialmente com um determinado vinho. A atmosfera descontraída atrai aqueles que querem conhecer e experimentar uma taverna onde se encontra um bom vinho português e aperitivos tradicionais.

EM TODAS AS ETAPAS EM QUE O DESIGN SE MANIFESTA, JAMAIS PODERÁ SER NEGLIGENCIADO UM COMPONENTE FUNDAMENTAL NA SOCIEDADE ATUAL: A ACESSIBILIDADE. ENTENDEMOS POR ACESSIBILIDADE "A GARANTIA DE ACESSO A TUDO E A TODOS, SEM DISTINÇÃO OU RESTRIÇÃO ERGOMÉTRICA OU DE SAÚDE".

PARTE 1

o vinho

Antes de a história existir, o vinho já existia em nossa história. Podemos dizer que o vinho não foi inventado, ele adormecia nas uvas, somente à espera de que o despertassem.

1. Uma breve história do vinho

O vinho é uma bebida que acompanha a evolução da humanidade há milênios, antes mesmo de a história começar a ser escrita. Não sabemos e tampouco podemos comprovar a sua verdadeira origem, como o local, a data ou a época precisa de quando o vinho começou a ser produzido, sabemos apenas que em determinado momento ele "aconteceu", proporcionando êxtase, prazer e conforto a quem dele provou! Repleto de mistérios, objeto de valor e desejo, o vinho é muito apreciado e cultuado.

Existem várias teorias a respeito dessa origem e algumas lendas que, transmitidas oralmente, se perdem na memória dos tempos e, por não terem sido escritas, muito provavelmente foram modificadas, mas todas levam a um final feliz.

Para entender a origem do vinho é preciso voltar um pouco no tempo e tentar imaginar esse percurso baseado nas evidências encontradas em escavações arqueológicas e que serviram de base para muitas pesquisas e artigos que remontam a essa história.

A descrição do vinho

O vinho é a bebida fermentada do mosto (suco) da uva sã, fresca e madura. Para tanto, é preciso apenas que as uvas sejam colhidas e depositadas em algum lugar que retenha o seu suco, que fermentará de maneira espontânea. Esse processo provavelmente aconteceu por acaso e foi sendo reproduzido através dos tempos, sofrendo variações e desenvolvimentos que fizeram a bebida chegar até os nossos dias com as características e as tipologias que conhecemos.

DEFINIÇÃO LEGAL DE VINHO NO BRASIL, DE ACORDO COM A LEI Nº 7.678, DE 8 DE NOVEMBRO DE 1988: ART. 3º – VINHO É A BEBIDA OBTIDA PELA FERMENTAÇÃO ALCOÓLICA DO MOSTO SIMPLES DE UVA SÃ, FRESCA E MADURA.

PARÁGRAFO ÚNICO. A DENOMINAÇÃO VINHO É PRIVATIVA DO PRODUTO A QUE SE REFERE ESTE ARTIGO, SENDO VEDADA SUA UTILIZAÇÃO PARA PRODUTOS OBTIDOS DE QUAISQUER OUTRAS MATÉRIAS-PRIMAS.

AS MAIS ANTIGAS VINHAS CULTIVADAS NO MUNDO FORAM ENCONTRADAS NA GEÓRGIA, NA REGIÃO DO CÁUCASO, E DATAM DO FIM DA IDADE DA PEDRA.

As uvas são frutos das videiras, que produzem seus frutos uma única vez ao ano, sempre no final do verão e início do outono. Depois da colheita, as plantas entram em estado de hibernação durante o inverno, para brotar novamente no ciclo da primavera seguinte, e assim por diante.

As uvas, a exemplo do café e diferente de muitas outras frutas, não podem ser colhidas antecipadamente para amadurecer depois, como a banana, por esse motivo devem ser colhidas – no início do outono – maduras e consumidas de imediato ou armazenadas para consumo posterior em local fresco. Antigamente, quando não havia sistemas de refrigeração, elas eram depositadas em recipientes cerâmicos para que pudessem ser conservadas, podendo, assim, ser consumidas pouco a pouco até o final do outono e durante o inverno. As uvas armazenadas e não consumidas talvez possam ser causas da origem do vinho.

Baseados nesses achados arqueológicos, os pesquisadores acreditam que esses podem ser os primeiros indícios de viticultura, ou seja, de plantio e colheita de maneira organizada feitos pelo homem. Acredita-se que os vinhos tenham surgido também nesse período.

ACHADOS DE CERÂMICAS E FRASCOS CONTENDO SEMENTES DE UVAS E RAMOS DE VIDEIRA DA ESPÉCIE *VITIS VINIFERA* REFORÇAM A TESE DE QUE O VINHO ACONTECEU POR UM ACASO, COM OS FRUTOS COLHIDOS E ARMAZENADOS PARA CONSUMO POSTERIOR.

As ânforas e os vasos encontrados são desse período paleolítico, quando os seres humanos deixaram de ser nômades e começaram a se transformar em agricultores e criadores de animais e aves para consumo. Essa mudança ocorreu na Europa Oriental em direção ao Ocidente, mais precisamente na região da Mesopotâmia, espalhando-se por toda a região conhecida como o Crescente Fértil e pela bacia do Mediterrâneo.

É a esse período que a origem dos vinhos pode ser creditada.

Lendas sobre os vinhos

- **A lenda de Gilgamesh**

Uma das mais antigas lendas referentes à origem do vinho é relatada em alguns escritos antigos, confirmada pelos achados arqueológicos na região da Europa Oriental, nos territórios de Geórgia, Irã, Iraque e Azerbaijão, e descoberta em meados do séc. XIX, na velha cidade de Nínive e que fazia parte da biblioteca do imperador assírio Assurbanipal (668-627 a.C.).

Diz o relato que Gilgamesh, o herói dessa epopeia, é um lendário rei sumério, quinto rei da primeira dinastia pós-diluviana de Uruk, um semideus, filho de um ente divino e uma humana. O povo de Uruk, descontente com a luxúria e arrogância do rei Gilgamesh, exige dos seus deuses a criação de um homem que fosse o seu reflexo e tão poderoso quanto ele para que pudesse enfrentá-lo e vencê-lo. O deus Anu, então, ordena a Aruru, deusa da criação, que fizesse Enkidu. Este, em luta com Gilgamesh, acaba tornando-se seu irmão, participando de muitas lutas contra inimigos do reino. Mas, apesar de belo e forte, Enkidu não consegue vencer a morte, então Gilgamesh parte em busca dessa imortalidade. Nessa aventura, ele encontra a deusa Siduri, sendo, então, apresentado ao vinho. Quando o herói Gilgamesh entra no Reino do Sol, lá encontra um vinhedo encantado de cujo vinho obteria, se lhe fosse permitido bebê-lo, a imortalidade que ele procurava.

- **A lenda do rei Jamshid**

O rei Jamshid tem parte de sua história relatada em um conto apócrifo associado com a descoberta do vinho. De acordo com essa lenda persa, o rei expulsou uma das mulheres do harém de seu reino, fazendo com que ela se tornasse muito infeliz e, com isso, desejasse a morte. Dirigindo-se para o armazém do rei, a mulher procurou uma jarra identificada como "veneno", que continha os restos de uvas que haviam estragado e eram consideradas impróprias para consumo. O que ela bebeu na realidade foi o suco fermentado das uvas ali depositadas, resultado da fermentação causada por leveduras selvagens que transformaram o açúcar das uvas em álcool. Graças ao efeito da fermentação, o líquido borbulhou, espumou e, por isso, foi considerado veneno e impróprio para consumo. Depois de beber o chamado veneno, a mulher descobriu seus efeitos relaxantes e inebriantes, recuperando prontamente a felicidade. Ela levou sua descoberta ao rei, que ficou tão apaixonado por essa nova bebida, o "vinho", que não só a aceitou novamente no harém como também decretou que todas as uvas crescidas em Persépolis fossem utilizadas para a produção de vinhos.

Enquanto a maioria dos historiadores do vinho vê essa história como pura lenda, há evidências arqueológicas de que o vinho era conhecido e amplamente negociado pelos primeiros reis persas na região.

Valorizado pelos comerciantes etruscos, fenícios e babilônicos, o vinho era presença constante no comércio do Oriente Médio, e a partir dessa região ganhou o mundo.

Levado para a Turquia, Grécia e outros povos da região, foi adentrando assim na bacia do Mediterrâneo.

CURIOSIDADE: Em 1999 foram encontrados restos de dois barcos naufragados, datados de 750 a.C., ou seja, aproximadamente 2.700 anos, com uma carga intacta de ânforas contendo vinhos que seriam levados de Baalbek, no Líbano, para o Cairo, no Egito, ou Cartago, na Tunísia, que foi a maior cidade do Império Romano em território africano. Os vinhos estavam protegidos da oxidação por uma camada de azeite e lacrados com resina de pinheiro. Essa resina pode ter sido a origem dos famosos vinhos gregos retsina, uma vez que a Grécia também fazia parte da rota comercial dos fenícios.

Os egípcios tinham o vinho em grande estima, pois foram encontrados não apenas hieróglifos mas também ilustrações e jarros cerâmicos com inscrições sobre safras, tipos de vinhos e ainda seu valor comercial em escavações arqueológicas em Gizé.

Produzidos anualmente e com forte valor financeiro, o vinho era principalmente comercializado entre os nobres e ricos, revelando superioridade de posses e nobreza por parte de seus consumidores.

O vinho na civilização greco-romana

Durante o período em que o Império Romano dominou a bacia do Mediterrâneo, o vinho também assumiu um papel bastante importante na fixação desses conquistadores romanos e na dominação dos povos subjugados, pois ele era levado não só como bebida que substituía a água, que na época não era totalmente potável, mas também como elemento de coragem aos soldados invasores.

Em cada nova região conquistada, um vinhedo era plantado para fornecer vinho aos soldados romanos. Dessa forma, a cultura do vinho foi sendo disseminada por todo o continente europeu.

PELAS MÃOS DO IMPÉRIO ROMANO, A CULTURA DO VINHO SE ESPALHOU POR TODA A BACIA DO MEDITERRÂNEO E, COM ALTO VALOR AGREGADO E FORTE APELO COMERCIAL, FOI SE ESTABELECENDO NAS REGIÕES, SENDO UTILIZADO COMO MOEDA DE TROCA POR MUITAS CIVILIZAÇÕES.

Por volta de 60 a.C., o imperador romano Júlio Cesar, que conquistou a Europa até a Grã-Bretanha, presenteou seus generais com terras conquistadas na Gália, de onde surgiram os vinhedos dos romanos, nomeados como Romannés (Romanné Saint Vivant, Romanné Conti, Vosne Romanné, entre outros).

CURIOSIDADE: A Península Itálica era conhecida pelos gregos como Enotria (Terra do Vinho), pois era uma região onde os vinhedos vicejavam e produziam vinhos reconhecidos por eles como de ótima qualidade.

Alguns escritos dessa época abordam a bebida, como o tratado de agricultura *De Re Rustica* do espanhol Lúcio Columella, escrito por volta de 65 d.C. No tratado, o autor afirma que a vinha é a forma mais lucrativa de agricultura e detalha os processos produtivos desde o plantio até a colheita e vinificação. Galeno, médico do imperador romano Marco Aurélio, também escreveu, em 169 d.C., um tratado para evitar o envenenamento do imperador, onde lista as possíveis misturas de vinhos com drogas e cita como avaliar, armazenar e envelhecer os vinhos.

O período da Idade Média e o Velho Mundo vinícola

A Igreja teve importante papel na difusão da cultura do vinho após a queda do Império Romano, desenvolvendo o vinho tanto como bebida, do ponto de vista técnico em si, envolvendo os processos de produção, quanto bebida simbólica e cheia de significados ao ser colocada como parte da liturgia do cristianismo, representando o sangue de Cristo.

Os mouros invadiram a Península Ibérica entre 711 e 1492 e deixaram uma forte herança cultural na arquitetura e na engenharia naval, o que se tornou importante para os navegadores ibéricos, pois os árabes eram a vanguarda científica do mundo. Mesmo eles sendo muçulmanos e por isso não consumirem álcool, a cultura do vinho se manteve. As videiras foram conservadas tanto para produzir uvas-passas como para manter os costumes diários dos ibéricos, que tinham o hábito do beber vinho. Além disso a bebida era utilizada como mercadoria pelos mouros que dominavam o comércio na região.

Durante o longo período da história, conhecido como a "Era das Trevas" ou mais comumente chamado de Idade Média – compreendido entre o declínio do Império Romano do Ocidente, marcado pela tomada de Roma pelos germanos no ano de 476, e a Queda de Constantinopla em 1453, tomada pelos turcos ao Império Romano do Oriente –, os vinhos continuaram a ser produzidos. Nessa época a Igreja Católica tinha grande importância na manutenção e propagação da produção para consumo tanto dos religiosos como da nobreza, que sempre esteve ao seu lado.

É DESSE PERÍODO A IMPLANTAÇÃO DE ALGUNS VINHEDOS NAS MAIS CONHECIDAS E CONCEITUADAS REGIÕES VINÍCOLAS DA EUROPA, TAIS COMO BORGONHA, ALSÁCIA, BORDEAUX E VALE DO RENO, LOIRE, PRIORATO, CHAMPAGNE, ENTRE OUTRAS.

Em 1154 a duquesa de Aquitânia casou-se com Henry Plantagenet, que viria a se tornar o rei Henrique II da Inglaterra. A partir de então os produtores bordaleses passaram a fornecer seus vinhos para a corte inglesa, que tornou a bebida mais conhecida e valorizada, favorecendo um período de grande prosperidade para a região. Após a morte do rei, Aquitânia passou por disputas de poder entre os reinos da França e da Inglaterra, conflito esse que durou décadas, originando uma longa batalha conhecida como a Guerra dos Cem Anos, quando então os franceses recuperaram dos ingleses as regiões francesas.

APÓS O FINAL DESSA LONGA BATALHA, O ABASTECIMENTO DE VINHOS PARA OS INGLESES FOI REDUZIDO, OBRIGANDO-OS A BUSCAR NOVOS FORNECEDORES QUE, ASSIM, ACABARAM DESENVOLVENDO OUTRAS REGIÕES PRODUTORAS NA EUROPA.

Pouco antes, em 1112, a Ordem dos Cistercienses se estabeleceu na Burgúndia (antigo nome da Borgonha) e promoveu o desenvolvimento da região plantando vinhedos para a produção de vinhos e estabelecendo regras para essa produção. Essas regras passaram a influenciar definitivamente a maneira de produzir vinhos na Borgonha e demais localidades sob a influência desses religiosos.

Em 1336 esses religiosos cercaram um vinhedo, o **Clos de Vougeot**, cientes de que os vinhos ali produzidos eram melhores que os dos terrenos vizinhos, iniciando assim o conceito de clos, vinhedo único cercado por muros que delimitam seu perímetro. Esse vinhedo ainda hoje é considerado um dos melhores *terroirs* da região, e os vinhos ali produzidos são bastante valorizados. Até hoje, em extensão, é o maior vinhedo da região. Vendido depois para muitos proprietários, é onde está localizada a sede da Confraria da Ordem dos Cavaleiros do Taste Vin, no Château de Clos de Vougeot, que inicialmente era uma capela que depois de reformada se transformou em castelo.

CURIOSIDADE: O termo *terroir*, de origem francesa, abrange tudo aquilo que está relacionado não só aos dados geográficos de uma região como também aos modos culturais que nela se desenvolvem.

Quando nos referimos ao *terroir* de uma região, isso implica não só sua localização, o tipo de terreno e solo, mas também as videiras ali plantadas (que foram sendo selecionadas no decorrer de séculos), o modo de cultivo e colheita, os processos utilizados na produção, amadurecimento e envelhecimento dos vinhos... estamos nos referindo, enfim, a toda uma experiência humana condensada nos produtos que são frutos dessa interação local.

As principais regiões produtoras foram sendo desenvolvidas acompanhando as ocupações territoriais de comunidades que levavam consigo a cultura da uva e a produção de vinhos e, assim, iam estabelecendo essa tradição e hábitos culturais, compartilhando-os com os demais habitantes do lugar. Hoje essas regiões são protegidas pelas leis e regras que definem as denominações de origem. Ironicamente essas leis e regras também colocam em xeque essas regiões, limitando-as em certa medida quanto à possibilidade de ousar na proposição de novos desafios que o mercado atual impõe. Aos poucos alguns produtores dos países do Velho Mundo começam a buscar no Novo Mundo vinícola novas áreas de produção e atuação e, assim, também vão se modernizando junto ao mercado.

CURIOSIDADE: Em 2012 as Denominações de Origem Controlada (AOC; DOC; DOCG) foram incluídas nas regras que definem os produtos agrícolas da Comunidade Comum Europeia e tiveram seus nomes alterados para Denominações de Origem Protegida (DOP; AOP; DOPG). Elas são regidas e reguladas pelos conselhos e associações regionais e setoriais de proteção para preservar esse patrimônio cultural construído ao longo de séculos. Nos rótulos dos vinhos podem ser utilizadas as duas formas de identificação das denominações: Controlada, com final em "C", ou Protegida, com a letra final "P".

Os principais países do Velho Mundo vinícola

A principal referência mundial em termos de qualidade e desenvolvimento vinícola foi a **França**. Graças a seus estudos, pesquisas, investimentos e formalização de métodos de produção – e consequente valorização de seus produtos pelos mercados consumidores –, a França viu crescer a busca por suas variedades de uvas mais conhecidas, que foram sendo espalhadas pelo mundo todo, tais como: Cabernet Sauvignon, Merlot, Pinot Noir, Chardonnay, Sauvignon Blanc, Semillon, Cabernet Franc, Gamay, só para citar as mais conhecidas.

Algumas das principais regiões francesas acabaram por se transformar em fonte de inspiração como modelos de vinhos. Os produtores de todo o mundo almejam produzir um Pinot Noir semelhante ao que é feito na Borgonha, um blend de uvas com a qualidade e semelhança de um bom vinho bordalês e vinhos espumantes tão bons quanto os produzidos na região do Champagne.

EM 1855, POR ORDEM DO IMPERADOR NAPOLEÃO III, OS VINHOS DO MÉDOC, À MARGEM ESQUERDA DO RIO GIRONDE, NA REGIÃO DE BORDEAUX, FRANÇA, FORAM CLASSIFICADOS EM 5 NÍVEIS DE QUALIDADE, QUE VÃO DESDE OS PREMIERS CRUS (PRIMEIROS) ATÉ OS CINQUIÈMES CRUS CLASSÉS (QUINTOS), BASEADOS NOS SEUS PREÇOS DE VENDA.

Essa classificação permanece vigente até hoje. Os vinhos com a denominação Premier Grand Cru Classé estão no topo da categoria e, embora sejam comercializados a preços bastante elevados, são objetos de desejo da maioria dos apreciadores. Em 1973 houve uma alteração na classificação de 1885, com a elevação da categoria de segundo para primeiro Cru Classé do Château Mouton-Rotschild por decreto do então presidente Charles de Gaulle.

Durante a classificação original de 1855, apenas um vinho foi alçado à categoria de Premier Cru Classé **Superieur**, o Château D'Yquem, de Sauternes, vinho doce para sobremesas e que é produzido somente em anos excepcionais, quando os vinhedos são acometidos por um fungo específico, o Bottritys Cinerea, considerado como a Podridão Nobre (*Pouriture Noble*) que desidrata as uvas e permite a obtenção desse vinho considerado um néctar.

CURIOSIDADE: Embora tenha sido a partir da Península Itálica (origem do Império Romano) que se deu a difusão da cultura do vinho praticamente pela Europa toda, os vinhos dessa região – devido a sua fragmentação política – não alcançaram, no mundo civilizado e conhecido na época, o mesmo reconhecimento conquistado pelo vinho francês. Apesar de seus vinhos regionais serem tão bons quanto os de seu vizinho (a França), não houve um trabalho mercadológico para levá-los ao patamar de referência.

A **Itália**, apesar de ter sido pioneira no território europeu, foi se desenvolver somente a partir do século XX. E a região da **Toscana** teve um papel fundamental no reconhecimento mundial dos vinhos italianos, quando alguns produtores levaram uvas francesas para produzir vinhos nessa região – contrariando as denominações de origem – e criaram novos e valorizados vinhos que acabaram sendo colocados em uma nova categoria. Os vinhos de outras regiões, como os do **Piemonte**, e de outras regiões italianas também se aproveitaram desse movimento e desenvolveram alguns vinhos misturando as uvas francesas em sua composição, ganhando assim reconhecimento e valor comercial de mercado.

A **Península Ibérica**, representada por Espanha e Portugal, é um caso um pouco diferente. Enquanto Portugal se manteve mais isolado e distante dos acontecimentos da França e da Itália, por uma questão geográfica e por ter sido totalmente invadido pelos mouros, mantendo-se com suas antigas tradições e métodos de produção que seriam modernizados somente no século XX, a Espanha, apesar de também ter sido invadida, manteve a parte norte de seu território em poder dos cristãos, dessa forma mantendo contato mais estreito com a nobreza e aristocracia francesa, obtendo conhecimentos que os levaram a produzir os vinhos com técnicas mais desenvolvidas, o que se reflete nos vinhos da região de Rioja, com o uso das barricas, e também dos Cavas, que faz uso do método champanhês para produzir os seus vinhos espumantes.

Portugal conheceu um grande desenvolvimento atrelado aos **vinhos do Porto**, que foram levados para a Inglaterra para suprir a sua alta demanda e que – fortificados com aguardente vínica para ficarem mais longevos e mais de acordo com o gosto do mercado inglês, o mais influente na época – resultaram na implantação de produtores ingleses na região de **Vila Nova de Gaia**, no Porto, promovendo seu grande impulso comercial. O Brasil foi o segundo maior importador de vinhos do Porto, perdendo apenas para a Inglaterra durante o ciclo colonial e imperial brasileiro. Tendo em seu território uma das maiores variedades autóctones de uvas, Portugal não se rendeu totalmente às uvas francesas, mantendo suas uvas nacionais, que têm nomes muito interessantes, como Esgana Cão, Rabigato,

Rabo de Ovelha, Periquita, Donzelinho, Tinta Amarela, Loureiro, Avesso e a personalíssima **Touriga Nacional**, que é considerada como a principal uva portuguesa hoje.

A **Espanha** teve seu desenvolvimento atrelado à praga da Philoxera, que começou na França, obrigando seus viticultores a buscar novas regiões produtoras. Ela foi o primeiro país ao qual os produtores franceses recorreram a fim de implantar novos vinhedos e locais para produzir seus vinhos, modernizando os produtores tradicionais, que ganharam em termos de conhecimento e qualidade.

As regiões mais ao norte, como a Rioja, Navarra e Ribera del Duero, na Catalunha, se beneficiaram disso enquanto que o Priorato teve seu desenvolvimento proporcionado pelos religiosos da região. Na segunda metade do século XX, alguns produtores espanhóis inovaram a sua vinicultura ao desenvolver, com a boa e conhecida uva **tempranillo**, vinhos tão encorpados e robustos quanto aqueles produzidos nos EUA e em outros países com uvas francesas, consideradas por muitos como universais devido a sua presença em várias partes do mundo.

A **Alemanha** teve na Igreja o movimento inicial de valorização de seus vinhedos, plantados em torno das igrejas das cidades e daí se expandindo para as demais regiões do país. Fomentados por Carlos Magno, nos anos 800, monges e arcebispos, ao levar e espraiar o cristianismo na Alemanha, demarcaram muitos vinhedos por sua qualidade e excelente localização.

A Guerra dos Trinta Anos, ocorrida de 1618 a 1648, freou o desenvolvimento vitícola, que se recuperou de maneira lenta e árdua, com os arcebispos do Mosel e Rheingau incentivando nos vinhedos mais idôneos a substituição de algumas variedades pelo plantio da uva Riesling, de melhor qualidade.

A revolução francesa causou grande impacto na região leste do rio Reno, que passou a fazer parte da França, abolindo as propriedades eclesiásticas, que passaram a ser de camponeses e burgueses, redesenhando política e economicamente a Alemanha.

HOJE OS MELHORES VINHOS ALEMÃES PROVÊM DESSAS LOCALIDADES, ANTES PROPRIEDADES DA IGREJA E ONDE A BUSCA PELA QUALIDADE FOI SEMPRE PERSEGUIDA EM DETRIMENTO DE GRANDES VOLUMES.

O Novo Mundo

O Novo Mundo vinícola se constituiu a partir das grandes navegações empreendidas pelos portugueses e espanhóis, que, em busca de especiarias e no intuito de abrir rotas comerciais com outros países distantes, acabaram por difundir a cultura do vinho para as novas regiões conquistadas.

OS JESUÍTAS QUE OS ACOMPANHAVAM TIVERAM FUNDAMENTAL IMPORTÂNCIA PARA DAR INÍCIO AO CULTIVO DAS UVAS E À PRODUÇÃO DOS VINHOS NOS TERRITÓRIOS AMERICANOS, BEM COMO NOS DEMAIS TERRITÓRIOS CONQUISTADOS.

Pelas mãos desses jesuítas – cujo intuito era não só catequisar os indígenas na difusão do cristianismo mas também fazer deles mão de obra para seus serviços – a cultura do vinho foi se estabelecendo pela América em cada missão, igreja, paróquia ou nos povoados construídos em seu entorno.

No **México**, alguns conquistadores espanhóis, em busca de ouro, descobriram na região um vale repleto de uvas silvestres e nativas (não viníferas) e lhe deram o nome de **Vale de Las Parras**. Em 1594 os jesuítas estabeleceram ali a Missão de Santa Maria de Las Parras e com essas uvas nativas produziram os primeiros vinhos na América, dando início à Vinícola **Casa Madero**, a mais antiga instalada em solo americano e ainda hoje em operação.

No **Brasil**, as primeiras mudas de videiras foram plantadas na Capitania de São Vicente, na Baixada Santista, trazidas pelo português Martin Afonso de Souza, em 1532. Não prosperaram. Depois, pelas mãos dos jesuítas, o cultivo de uvas e a produção de vinhos foram levados para o planalto: onde hoje se situa o bairro do Tatuapé em São Paulo, existiu um vinhedo que produzia os vinhos para uso litúrgico e consumo dos religiosos. Com a chegada da família real portuguesa, em 1808, a produção de vinhos foi proibida, sendo retomada somente após a instauração da república, em fins do século XIX, pelas mãos dos imigrantes italianos, alemães e portugueses que aqui chegaram nesse período. Nos anos 1980 a vitivinicultura brasileira se desenvolveu bastante devido ao crescimento do mercado e com a chegada de grandes multinacionais. Foi nessa época que muitos produtores de uvas montaram suas próprias vinícolas, quando então surgiram algumas das mais conhecidas marcas de vinhos brasileiros.

No **Chile**, os magnatas e ricos proprietários das mineradoras de cobre importaram não só as uvas das regiões francesas mais conhecidas e tradicionais como também os enólogos para produzir seus próprios vinhos, dando início a uma atividade que hoje é parte importante de sua balança comercial, tornando-os reconhecidos mundialmente. A região metropolitana de Santiago foi o ponto de partida para os demais vales situados entre a Cordilheira dos Andes e a Cordilheira do Pacífico, onde os diversos tipos de solo e relevo permitem uma grande variedade de tipos de uvas e vinhos. A uva **Carménère**, levada ao Chile antes da ocorrência da praga da Philoxera na Europa e tida como extinta, foi recém-descoberta misturada aos vinhedos de outras variedades, transformando-se na uva ícone dos vinhos chilenos.

A **Argentina**, que tem na produção de frutas um peso bastante significativo em sua balança comercial, também começou a produzir vinhos de qualidade, principalmente na região de Mendoza, mas também em outras como Salta, Rioja, San Juan, Rio Negro, etc. A uva **Malbec**, trazida da França da região de Cahors, se desenvolveu e se adaptou muito bem à região, transformando-se em variedade-símbolo dos vinhos argentinos devido à grande qualidade obtida em sua vinificação.

O **Uruguai**, apesar de produzir vinhos desde o início de sua colonização, só recentemente teve um trabalho unificado para desenvolver os seus vinhos e introduzi-los no mercado internacional, sendo o Brasil seu maior consumidor e parceiro. A uva **Tannat** é considerada como a que melhor representa os seus vinhos.

Em novas colonizações, ocorridas mais tarde e promovidas pelos ingleses, holandeses e franceses, tais como na **Austrália**, **Nova Zelândia**, **África do Sul**, **Marrocos** e **Argélia**, as uvas e a cultura do vinho foram sendo introduzidas inicialmente apenas para atender o consumo dos colonizadores e a produção de alcool, mas esses hábitos acabaram sendo difundidos também para os moradores locais. Assim a cultura do vinho chegou ao Novo Mundo.

É NO NOVO MUNDO QUE SE DÁ A RENOVAÇÃO, NÃO SÓ EM RELAÇÃO À ESCOLHA DAS VARIEDADES DE UVAS PARA PLANTIO DOS VINHEDOS COMO TAMBÉM NA FORMA DE PRODUZIR OS VINHOS – PROCESSOS QUE ERAM MANTIDOS PELA TRADIÇÃO NO CONTINENTE EUROPEU AQUI ADQUIREM MODERNIDADE.

No **Velho Mundo** os vinhos são produzidos a partir do que podemos chamar de tradição, ou seja, a localização dos vinhedos, suas uvas, os modos de cultivo e produção, as normas que regem o que pode e o que não pode ser feito para que o vinho receba o a denominação de origem. Enfim, todo o processo segue padrões estabelecidos pela história e tradição da cultura local, e é a partir disso que eles são reconhecidos e valorizados pelo mercado.

No **Novo Mundo** essa tradição ancestral não existia, o que permitiu aos produtores um desenvolvimento baseado tão somente nos resultados finais de seus vinhos – vinhos mais aromáticos e frutados, colocados à venda prontos para serem consumidos e com características mais próximas das uvas que os originaram do que do seu *terroir*.

No mundo novo do vinho, há total liberdade para os produtores plantarem as variedades de uvas que escolherem e onde quiserem. Essa escolha pode ser feita baseada em pesquisas científicas que apontem os melhores locais para determinadas variedades de uvas, ou tão somente pelo aspecto comercial, variedades que são mais aceitas pelo mercado ou aquelas que possam ter apelo comercial pela novidade, pelo diferente.

A LIBERDADE DE ESCOLHA NÃO SÓ DOS PROCESSOS COMO DE NOVAS REGIÕES PRODUTORAS FOI A GRANDE INOVAÇÃO INTRODUZIDA PELO NOVO MUNDO NO MERCADO DE VINHOS.

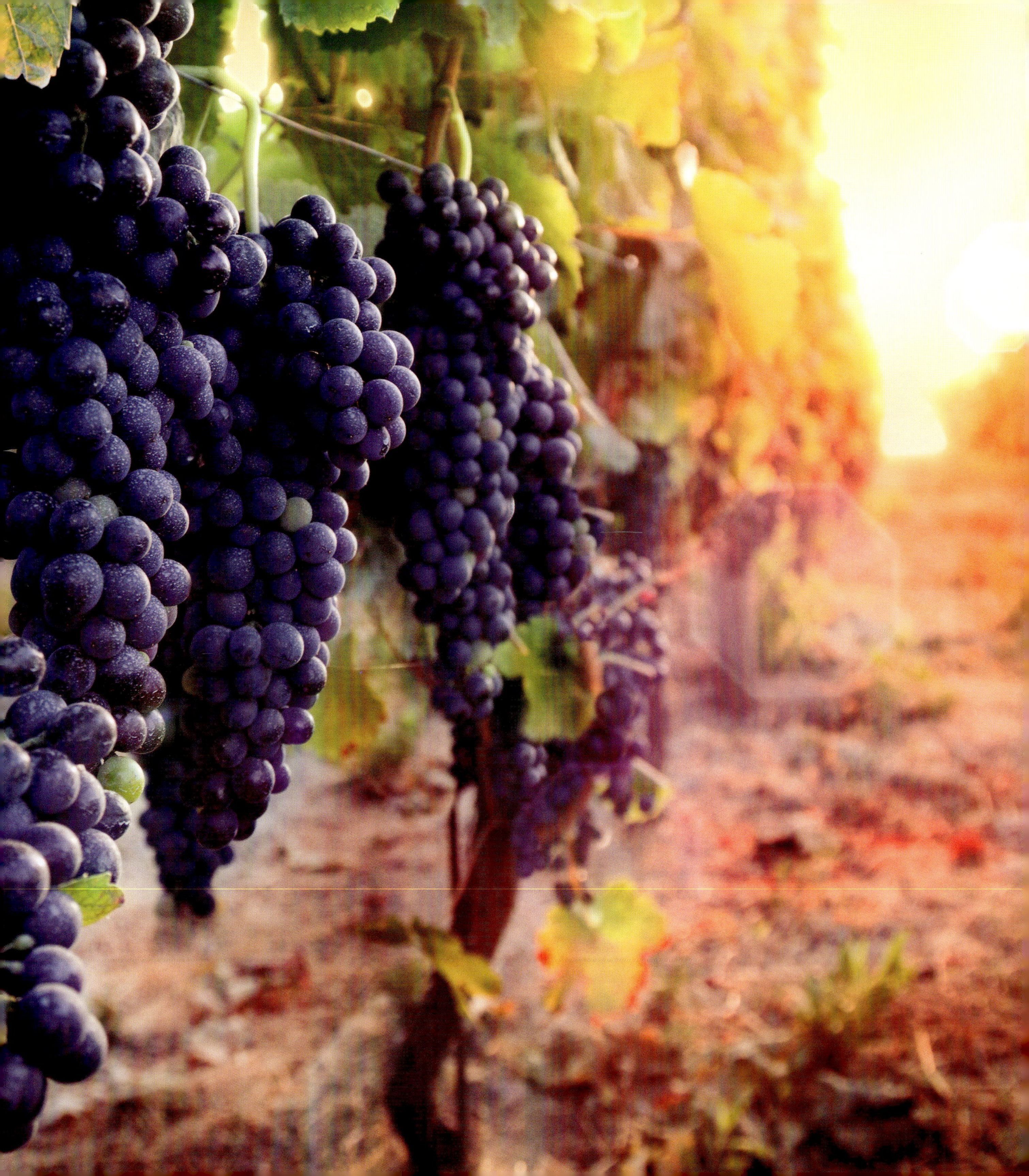

2. A sua produção

A matéria-prima: as uvas

As uvas são os frutos das videiras, plantas da família das vitáceas. Entre os quinze gêneros existentes, a espécie que mais reúne condições para a produção dos vinhos é a ***Vitis vinifera***.

No continente europeu ocorrem apenas duas espécies de Vitis, a ***vinifera*** e a ***silvestris***, e podemos ser levados a acreditar que essa seleção de espécies provavelmente se deu justamente pelo teor nutritivo do açúcar encontrado nos seus frutos.

As espécies de origem americana, as ***Vitis labrusca***, ***Vitis bourquina*** e ***Vitis rotundifolia***, além de serem utilizadas para o consumo *in natura*, produzem sucos e também vinhos, mas estes de baixa qualidade, pois os frutos não são tão ricos em açúcares quanto os de origem europeia; contudo, apresentam alta resistência a algumas pragas e são de alta produtividade.

Esses fatores fizeram com que alguns pesquisadores franceses da Faculdade de Montpellier se interessassem em levar mudas dessas uvas para a Europa, a fim de estudá-las e tentar aumentar a produtividade e resistência de suas variedades europeias. No entanto, não sabiam que junto dessas mudas levavam também em suas raízes as larvas de uma praga que quase dizimou todos os vinhedos na Europa e mudou os destinos da história do vinho para sempre.

Phylloxera vastratix

A *Phylloxera* é um inseto que deposita seus ovos nas folhas das videiras. Quando as larvas nascem, elas caem no solo e, para sobreviver, se alimentam das raízes das plantas, que apodrecem e morrem.

Em novo ciclo essas larvas se transformam em pequenos insetos que, depois de se acasalarem, depositam novamente seus ovos nas folhas de novas plantas e assim, sucessivamente vão destruindo os vinhedos. No caso da Europa, cujos vinhedos não eram resistentes à *Phylloxera*, sua proliferação foi catastrófica.

Em busca de solução para esse problema, foram desenvolvidas novas regiões produtoras na Europa, enquanto algumas foram sendo completamente abandonadas com os vinhedos mortos e dizimados. Alguns poucos lugares, em função de características geográficas e de seu *terroir* muito peculiares, ainda hoje se mantêm isentos dessa praga, sendo sua incidência insignificante em termos proporcionais.

Como as videiras americanas são naturalmente resistentes à *Phylloxera*, a solução encontrada, depois de alguns anos de pesquisa, foi utilizar as raízes das plantas americanas e enxertar[1] sobre elas os ramos das viníferas europeias, mantendo assim suas características originais e resistência a essa praga.

CURIOSIDADE: O Chile, como teve as suas mudas trazidas antes da ocorrência dessa praga na Europa, é hoje praticamente o único país no mundo livre da *Phylloxera*, uma vez que seu território é isolado, de um lado, pelo vasto oceano Pacífico e, por outro, pela alta e gelada cordilheira dos Andes, que impede a transposição desse inseto.

---

1 A enxertia consiste em cortar a parte aérea da planta, aproveitando somente suas raízes, chamada de cavalo, e sobre esta fazer uma fenda e encaixar um ramo ou galho da variedade desejada, que se desenvolverá dando origem a uma nova planta com as raízes resistentes.

3. As três famílias de vinhos

Para se compreender melhor o universo dos vinhos, eles foram classificados em **três grandes famílias**: os vinhos **tranquilos**, que não têm gás; os **fortificados**, que recebem adição de álcool ou aguardente vínica; e os **espumantes** e frisantes, que têm gás carbônico. Essas três famílias se dividem, por sua vez, em **três tipos**, cada uma, os vinhos **brancos**, os **rosados** e os **tintos**, e, dentro de cada um dos tipos, há os vinhos que são mais leves, os encorpados, os secos, os doces. Por fim, há que se considerar ainda as suas diferenças no que diz respeito às variedades, aos estilos, mas sempre levando em conta essas três famílias iniciais.

Os vinhos são produzidos mediante a fermentação do mosto das uvas, operação em que as leveduras – microrganismos principalmente do tipo *Saccharomyces cerevisiae* – transformam o açúcar das frutas maduras em álcool e geram também inúmeros subprodutos que dão personalidade e sabor aos vinhos, permitindo assim sua diferenciação de origem, de cor, de variedade e de tudo aquilo que encontramos ao abrir e saborear uma garrafa de vinho.

A COMPOSIÇÃO BÁSICA DE 1 LITRO DE VINHO COM 13% DE ÁLCOOL PODE, GROSSO MODO, SER DESCRITA COM AS PROPORÇÕES A SEGUIR:

0,13 LITRO DE ÁLCOOL ETÍLICO (ETANOL) + 0,860 LITRO DE ÁGUA E DEMAIS ÁLCOOIS, ÁCIDOS, ANTOCIANAS, RESVERATROL, TANINOS, E MUITOS SUBPRODUTOS QUE FAZEM OS VINHOS SE DIFERENCIAREM UNS DOS OUTROS.

Imagem de museu da **QUINTA DO BUCHEIRO**, Portugal, mostrando os tonéis que, antigamente, eram usados na fermentação dos vinhos e que não tinham nenhum controle de temperatura.

Em meados do século XIX, Louis Pasteur pesquisou e descobriu como as leveduras operam e atuam nos processos de fermentação, tanto de queijos como de vinhos. Essas descobertas, relatadas em seu livro *Les études sur le vin*, influenciaram os métodos de produção do vinho, com ganhos de qualidade, e permitiram um grande desenvolvimento na história da bebida.

Os vinhos produzidos hoje, desde os mais simples aos mais elaborados, são muito melhores que aqueles produzidos há 400 anos, graças a esses avanços científicos e tecnológicos. Esse tanque oval de vinificação em concreto da **VINÍCOLA GUASPARI**, em São Paulo, é um exemplo de avanço tecnológico na elaboração dos vinhos.

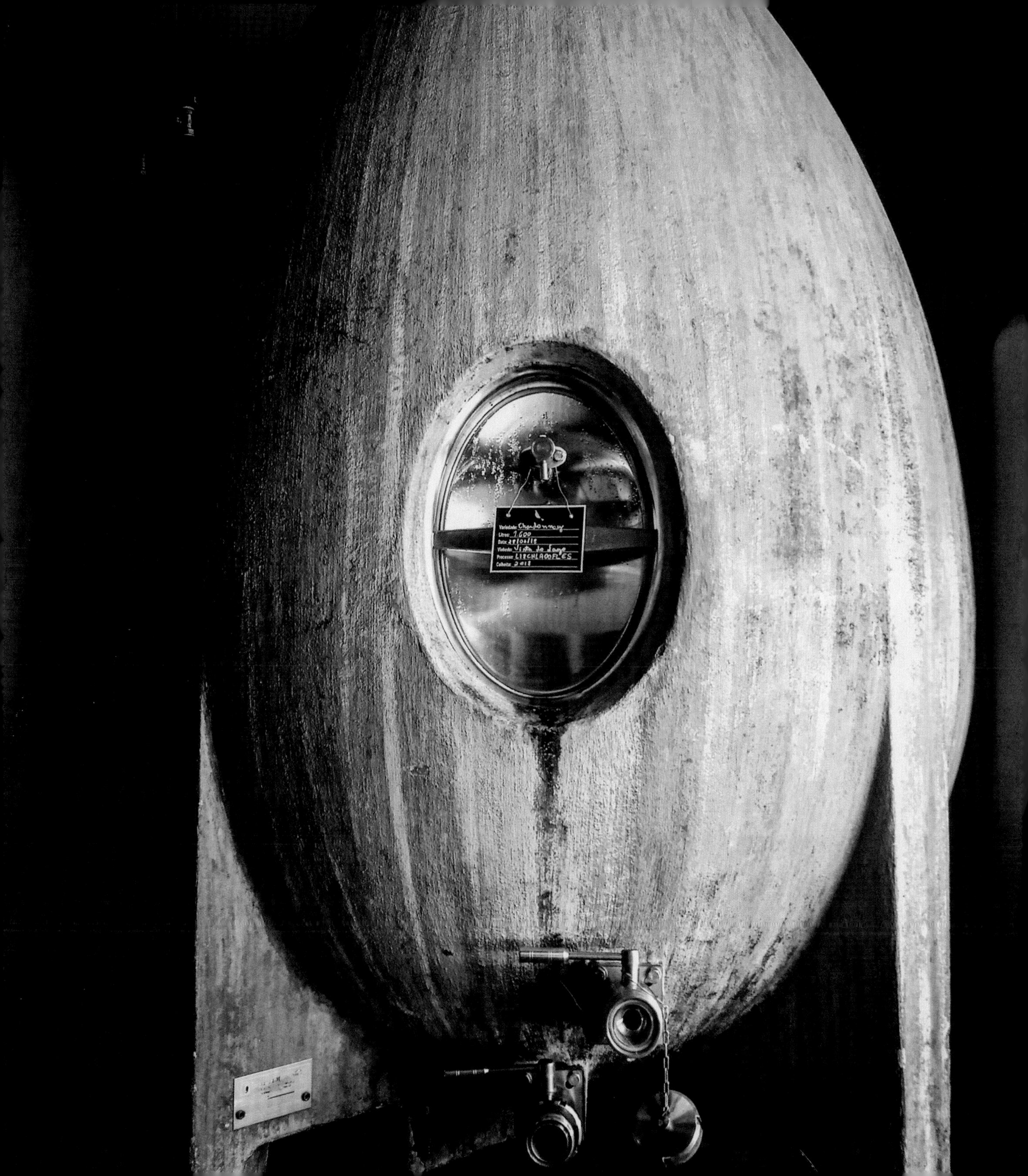
Variedade: Chardonnay
Litros: 1.600
Colheita: 2018

Processos de produção

Todos os vinhos passam por um processo básico inicial. Mas a partir de determinado ponto ou momento os vinhos tomam caminhos distintos para se transformarem em algum dos tipos pertencentes às três grandes famílias: a dos vinhos tranquilos, a dos fortificados ou a dos espumantes. De maneira reduzida e generalizada, sem entrar em muitos detalhes técnicos, podemos dizer o seguinte de cada etapa de produção do vinho:

Prensagem

As uvas são recebidas na vinícola e seguem dois caminhos distintos: para a produção dos vinhos brancos elas são prensadas, e apenas o suco segue para a etapa de fermentação, enquanto que para os vinhos tintos a uva toda é utilizada.

As uvas brancas ou tintas são hoje prensadas em equipamentos pneumáticos, com total controle de pressão e design tecnológico bem diferente daquele da prensa que se usava antigamente.

Fermentação

O suco das uvas é recolhido em grandes tanques, onde permanece por um breve repouso, em baixa temperatura, a fim de que as impurezas possam se sedimentar. Quando as partículas sólidas se depositam no fundo, as leveduras são adicionadas e a fermentação tem início, transformando o açúcar do suco em álcool, fazendo assim a magia do vinho. Esse vinho será então filtrado, estabilizado e, após a fermentação malolática, que transforma o ácido málico em ácido lático, menos agressivo e mais palatável, ele será engarrafado e colocado à venda.

É POSSÍVEL FAZER VINHOS BRANCOS DE UVAS TINTAS, UTILIZANDO SOMENTE O SEU SUCO, QUE É CLARO. OS VINHOS CHAMADOS *BLANC DE NOIRS* ("BRANCO DE ESCUROS"), APENAS PARA CITAR UM EXEMPLO, TÊM UVAS TINTAS EM SUA COMPOSIÇÃO.

Os vinhos tintos e brancos apresentam diferentes tonalidades de cores, que são próprias das características das variedades das uvas utilizadas em sua produção. Os tintos são produzidos com a presença das cascas das uvas escuras no mosto, e, durante a fermentação alcoólica, essa coloração vai se transferindo para o vinho. Nesse momento é que se pode escolher entre produzir um vinho tinto, deixando as cascas em contato com o mosto até finalizar a fermentação alcoólica de maneira a extrair toda a sua cor, ou então produzir os vinhos rosados, deixando as cascas no mosto durante um período menor, que pode variar de algumas horas a um ou dois dias, dependendo da cor, intensidade e tonalidade desejadas.

Durante o processo fermentativo dos vinhos tintos, essas cascas flutuam devido à geração do gás carbônico que as conduz para a superfície, mas elas devem ser novamente colocadas em contato com o líquido da fermentação para permitir que a cor das cascas seja transferida para os vinhos mediante uma extração melhor, operação que pode ser feita manualmente com uma pá ou através de meios automatizados.

Com a evolução tecnológica os tanques de fermentação passaram a ser construídos em aço inox e com controle de temperatura. Com as novas tendências no mundo do design, hoje há experimentos com tanques construídos em formato oval, feitos em cimento, aço ou madeira, que promovem uma fermentação com movimentação natural do mosto, causada pela própria ação das leveduras devido a esse formato.

Acima, lagar antigo de pedra e lagar moderno em aço inox. Até meados do século XIX a pisa das uvas escuras (tintas) era feita, nos lagares, com os pés descalços. Eles eram grandes caixas ou vasos abertos de pedra e serviam para extrair o suco das uvas, o qual depois era fermentado praticamente sem grandes controles. Atualmente, em algumas vinícolas tradicionais ainda se pisam as uvas, buscando um público consumidor que aprecia a tradição na produção do vinho. No intuito de manter essa tradição foram criadas máquinas que fazem esse trabalho da pisa de maneira automatizada.

Os engaços (galhos e cabinhos dos cachos), que são ricos em taninos, substância adstringente, eram assim mantidos nesse método. No entanto, em alguns casos eles são indesejáveis, o que levou à criação e ao design de equipamentos para separar as uvas do seu cacho, ou seja, as desengaçadeiras automáticas que também rompem os bagos das uvas, substituindo completamente o processo da pisa citado anteriormente nas instalações vinícolas mais modernas.

Com o tempo, novas e mais eficientes maneiras de trabalhar os processos foram sendo desenvolvidas com a modernização das vinícolas, permitindo assim melhor controle da produção. Foram então surgindo equipamentos com design e visual bastante tecnológicos, como os tanques em aço inox, com controle de temperatura, as prensas pneumáticas, a vinificação em tanques ovais e giratórios, como betoneiras, e as máquinas automáticas para filtragem, engarrafamento, rotulagem, etc.

Durante a fase de fermentação alcoólica – também chamada de fermentação tumultuosa, devido à geração de gás carbônico e aparente fervura – há um aumento da temperatura que deve ser controlado, pois essa variação ajuda a definir o estilo de vinho desejado. Esse método de controle só pôde ser implementado após a criação dos sistemas de refrigeração, sendo, portanto, um elemento novo em uma história que remonta a milhares de anos.

Sedimentação e amadurecimento

Após a fermentação o vinho é transferido para outros tanques e as partes sólidas são separadas por sedimentação (gravidade). Depois segue para a fase de amadurecimento, que poderá ser em tanques de aço inox, em grandes tonéis de madeira ou então nas barricas de carvalho, após o que será engarrafado.

Alguns vinhos, normalmente os mais simples, baratos e para consumo imediato, não passam pelo estágio em barricas, o que encareceria o produto final.

PARA CADA TIPO DE VINHO, O ENÓLOGO ESCOLHE CAMINHOS DISTINTOS DENTRO DESSE PROCESSO, PARA QUE O PRODUTO FINAL TENHA AS CARACTERÍSTICAS POR ELE DESEJADAS E DENTRO DA FAIXA DE MERCADO PREVIAMENTE DEFINIDA. PARA AUMENTAR A ACIDEZ E VIVACIDADE DE ALGUNS VINHOS TINTOS E LHES DAR CARACTERÍSTICAS PRÓPRIAS, DURANTE O PROCESSO DE FERMENTAÇÃO OS ENÓLOGOS INCLUEM UM PEQUENO PERCENTUAL DE UVAS BRANCAS, COMO OS FAMOSOS VINHOS DO CHIANTI, QUE TÊM CERCA DE 5% DA UVA BRANCA CANNAIOLO.

Os vinhos mais encorpados e para uma guarda de maior tempo, visando seu amadurecimento, são colocados em barricas de carvalho, permanecendo aí até serem engarrafados. As melhores barricas para essa finalidade são produzidas com o uso do carvalho, que, além de ser maleável e resistente, adiciona alguns atributos de qualidade aos vinhos. A permanência da bebida em contato com a madeira proporciona uma micro-oxigenação e uma troca de aromas e transferência de taninos da madeira para o vinho, favorecendo sua futura guarda e evolução. Dependendo do tipo de vinho, o tempo em que ficam nas barricas de madeira é determinado pelo enólogo, que efetua provas sistemáticas e acompanha a evolução dos vinhos antes de serem engarrafados.

Engarrafamento

Após um período de amadurecimento em barricas de carvalho, o vinho é engarrafado. Alguns são colocados imediatamente à venda enquanto outros, normalmente os de guarda, permanecem amadurecendo nas garrafas por mais algum tempo antes de serem comercializados, para chegarem ao mercado em um ponto melhor para consumo.

TENUTA BIODINAMICA MARA. A presença das garrafas para armazenar e permitir o envelhecimento do vinho é recente nessa longa história e, efetivamente, começou a partir de meados do século XVII, quando os ingleses desenvolveram a técnica de produção de garrafas em série. Até então os vinhos eram comercializados nas barricas que eram armazenadas nos porões das casas, com o vinho sendo retirado pouco a pouco para ser consumido até que a barrica fosse esvaziada.

O problema dos vinhos era sua conservação, e, até surgir uma tecnologia adequada, o vinho sempre foi consumido no mesmo ano ou no máximo até no ano seguinte ao de sua elaboração. Foi a tecnologia do engarrafamento com rolha que mudou essa realidade e colocou a pedra fundamental na nova maneira de consumir vinhos, permitindo sua guarda por um período mais longo de tempo, durante o qual eles ganham complexidade organoléptica.

CURIOSIDADE: O volume de 0,75ℓ das garrafas foi definido pelo mercado inglês visando facilitar o seu comércio e corresponde a $1/6$ de galão imperial. Uma caixa com 6 garrafas de vinho equivale aproximadamente a um galão de 4,54ℓ.

A partir do advento das garrafas é que o vinho passa a fazer parte dos hábitos de consumo da população. Alguns são para serem consumidos logo após o engarrafamento e compra enquanto outros permanecerão nas adegas de seus proprietários para uma evolução posterior. Por quanto tempo? Isso é uma incógnita, pois o vinho é uma bebida viva e, dependendo de seu tipo e de como será guardado, poderá ter uma evolução mais rápida ou mais lenta, para demonstrar na taça suas melhores qualidades.

Envelhecimento: as garrafas permanecem nas adegas durante os anos necessários ao seu amadurecimento, para que possam ser consumidos em seu auge, no momento em que todos os seus atributos possam ser plenamente apreciados.

Os espumantes

Além dos vinhos brancos e dos vinhos tintos, há também os espumantes, sendo o *champagne* o espumante mais conhecido, por ter sido consumido pela nobreza francesa e o primeiro vinho desse estilo a ser produzido com regras e processos bem definidos, escritos pelo Abade Don Perignón. Os espumantes são feitos a partir de vinhos-base, normalmente brancos, de baixo teor alcoólico e acidez elevada, produzidos em algumas regiões de clima específico, como a região de Champagne, na França. Essas regiões possibilitam a constituição de vinhos-base com essas características.

Segundo o método tradicional, ou Champanhês (*Champenoise*), os vinhos-base são misturados entre si – ou seja, realiza-se uma **coupage** para obtenção de um padrão, normalmente reflexo do estilo proposto pela *maison* (termo pelo qual são conhecidas as casas de vinho ou vinícolas na região de Champagne) – e recebem, depois, uma mistura de vinho com um pouco de açúcar e leveduras, chamado *liqueur de tirage*. Esses vinhos são colocados novamente em garrafas, tampadas e deixadas deitadas umas sobre as outras (*sur lattes*), onde passarão por uma segunda fermentação, dessa vez dentro das garrafas, que irá gerar mais gás carbônico. Elas ficarão assim estocadas por 12 meses, no mínimo, para depois passar pelo processo de *remuage*, que consiste em girar as garrafas pouco a pouco e ir colocando-as lentamente e dia a dia na posição vertical, com o gargalo para baixo, a fim de eliminar os restos de leveduras e as borras do líquido. Nesse momento o gargalo das garrafas é congelado e acontece a degola – *dégorgement* –, que é a remoção das leveduras presas no gelo do gargalo. As garrafas são depois completadas com mais líquido, para repor o volume, com o licor de expedição – *liquer de expedition* – e recebem a rolha definitiva, que é presa com uma gaiola de arame para evitar que ela seja expulsa pela pressão do gás contido na garrafa.

CURIOSIDADE: A pressão contida na garrafa de espumante é de aproximadamente 6 atmosferas, o que corresponde a cerca de 607 KPa. O quilopascal é a atual unidade de medida de pressão internacional. As garrafas de espumantes apresentam em seu design um fundo côncavo, talvez seja para aumentar a resistência a essa pressão (ver "*punt*", p. 168).

No final do século XIX e início do século XX foi desenvolvido um outro método, o **método Charmat**, que consiste em fazer a segunda fermentação do vinho-base em grandes tanques pressurizados e, dessa forma, diminuir a necessidade de espaço e de movimentação de garrafas durante a produção dos espumantes. É um método que permite a produção em grande volume e, portanto, de maneira mais econômica, e que também pode gerar vinhos de grande qualidade e complexidade se trabalhados por um período mais longo.

CURIOSIDADE: o método Charmat, foi inventado por Federico Martinotti, que o patenteou em 1895, mas ficou conhecido como Charmat por ter sido desenvolvido e patenteado novamente em 1907 pelo químico e inventor francês, Eugene de Charmat.

Os vinhos fortificados

A fortificação foi desenvolvida inicialmente para aumentar a resistência e a longevidade do vinho, principalmente nos vinhos portugueses, comercializados na cidade do Porto, na foz do rio Douro, de onde são conhecidos como vinhos do Porto. Rapidamente esses vinhos caíram no gosto dos ingleses, maior mercado consumidor do século XVIII, e assim tiveram um grande impulso em sua produção e comercialização.

Dessa época surgiu também o processo de fortificação dos vinhos da Ilha da Madeira, os Moscatéis de Setúbal, o Marsala e o Jerez, que já eram produzidos anteriormente, desde muitos séculos, mas adquiriram o estilo atual fortificado por volta do século XVIII.

Esses vinhos são chamados de fortificados porque recebem uma quantidade de álcool vínico, proveniente da destilação de vinhos feitos para isso ou do bagaço residual da fermentação. Essa adição alcoólica interrompe a fermentação natural do vinho, mantendo níveis mais elevados de açúcar em seu mosto, bem como teores de álcool mais elevados, aumentando assim a sua resistência ao tempo. Alguns vinhos, como os da região de Jerez, na Andaluzia espanhola, recebem esse álcool depois que os vinhos-base estão prontos e, dessa forma, são normalmente mais secos e com açúcar residual menor, pois este é consumido pelas leveduras que formam a "flor", uma camada de microrganismos que surge naturalmente, em função de condições peculiares da região, dentro das barricas durante o amadurecimento dos vinhos nas soleras. No **método Solera**, as várias barricas são empilhadas e os vinhos transferidos, ano a ano, das barricas superiores para as inferiores, quando então são recolhidos daquelas mais próximas do solo, engarrafados e postos à venda.

A **QUINTA DOS CORVOS**, Portugal, mantem seus tonéis com o vinho do Porto em cave, na Vila Nova de Gaia, onde também promove a degustação de seus vinhos.

Entre os diferentes tipos de vinhos existem os **vinhos doces**, que podem acompanhar as sobremesas ou os queijos fortes e salgados. Eles mantêm uma quantidade de açúcar bastante elevada, proveniente das próprias uvas muito maduras, e podem durar bastante, pois também são bem resistentes à passagem do tempo. Alguns desses vinhos – produzidos com uvas passificadas (os vinhos passitos italianos), com uvas colhidas supermaduras (os de colheita tardia, *Late Harvest*) ou ainda feitos a partir de uvas atacadas pelo fungo *Botritys Cinerea*, ou a "podridão nobre" – podem chegar a custar mais de U$ 1.000,00 a garrafa de 375 mℓ.

Os vinhos doces da região sul de Bordeaux, Sauternes e os da Hungria, os Tokaji, são os mais conhecidos; mas não se pode deixar de mencionar os vinhos TBA alemães, *TrokenBeerenAuslese*, e os

Ice wine, os vinhos do gelo, produzidos a partir de uvas muito maduras e congeladas, também com alta concentração de açúcar. São vinhos sublimes e beiram à perfeição em seu equilíbrio entre aromas, sabores, complexidade e vivacidade. Esses não devem ser confundidos com os vinhos "suaves", produzidos a partir de uvas americanas e adoçados artificialmente com sacarose ou suco de uva concentrado, que não têm as mesmas características gustativas.

Hoje o mercado está valorizando os vinhos feitos sem a adição de elementos químicos e produzidos de maneira mais natural, como os provenientes de uvas cultivadas organicamente e também através do cultivo biodinâmico, os chamados vinhos naturais. Mas isso é tema para uma longa e demorada conversa...

4. O serviço do vinho

A conservação das garrafas

Depois de produzidos é que os vinhos entrarão em nossos hábitos de consumo.

Existe um conceito generalizado de que quanto mais velho for o vinho, melhor. Esse conceito, contudo, é equivocado, pois os vinhos, como bebidas vivas, têm um ciclo que vai da juventude à morte, e são bem poucos os que duram muito tempo.

Qual é a durabilidade de um vinho em sua garrafa original e fechada? Essa é uma pergunta sem resposta, pois depende de muitos e inúmeros fatores que impossibilitam essa precisão.

É IMPORTANTE GUARDÁ-LO EM UM AMBIENTE APROPRIADO, COM TEMPERATURA ESTÁVEL E PROTEGIDO DA LUZ, SEM CHEIROS OU PRESENÇA DE PRODUTOS QUÍMICOS QUE POSSAM CONTAMINÁ-LO.

O vinho, como elemento vivo, reage ao ambiente em que se encontra, e a temperatura exerce grande influência em sua conservação. Quanto mais alta for essa temperatura, mais rápido ele vai se desenvolver e chegar ao fim da vida, podendo até se deteriorar se as temperaturas forem constantemente superiores a 35 °C.

Então o ideal é manter a temperatura o mais baixa possível?

Também não, pois assim ele vai se estagnar, podendo não se desenvolver e, depois de muito tempo, poderá ficar desequilibrado, seus componentes certamente não se fundirão de maneira harmônica, tanto do ponto de vista aromático quanto gustativo.

O ideal é mantê-lo em torno de 13 °C a 15 °C, sem grandes variações.

As adegas comerciais (ver "Adegas segundo o tipo de funcionamento", p. 194) com controles eletrônicos permitem bastante precisão nisso, e, portanto, uma guarda de vinhos em excelentes condições.

Mas daí surge a pergunta: e antigamente, quando não haviam esses aparatos, como se conservavam os vinhos?

Os vinhos eram mantidos nas caves, nos porões ou subsolos das casas onde normalmente as temperaturas são mais baixas e estáveis, principalmente nos países europeus, onde a média de temperatura anual fica dentro da faixa recomendada para a sua guarda.

Deixando as garrafas protegidas da luz, dentro da faixa de temperatura indicada e sem grandes e bruscas variações, a bebida se conservará bem, seja em adega tipo armário com controles eletrônicos, seja em um cômodo ou lugar onde a temperatura seja mantida relativamente baixa e estável.

Projetos podem ser feitos para se aproveitar um cômodo ou uma área da casa ou do apartamento para ser transformada em adega, com o uso de climatização artificial e com resultados visuais, funcionais e práticos excelentes, criando-se assim um espaço para degustação e reuniões em torno do vinho. Grande parte do resultado da apreciação da bebida é decorrente da situação em que ela é consumida.

Nos países tropicais como o Brasil, é recomendável a utilização de uma adega climatizada artificialmente para armazenar os vinhos de longa guarda.

Nem todos os vinhos são produzidos para serem adegados ou guardados durante um longo período de tempo, a maioria é para ser consumida tão logo seja colocada à venda.

As temperaturas de serviço

Os vinhos devem ser abertos e servidos na temperatura correta para que se possa aproveitar ao máximo as suas características sensoriais e suas qualidades. Para os vinhos brancos as temperaturas devem ser mais baixas para que a sua acidez, normalmente mais elevada, não fique desequilibrada no paladar; enquanto os vinhos tintos devem ser servidos a uma temperatura ligeiramente superior para que os taninos, substância adstringente, não fiquem muito pronunciados.

CURIOSIDADE: Existe um conceito de que os vinhos tintos devem ser servidos à temperatura ambiente. Como o clima brasileiro é tropical, principalmente no verão e nos dias mais quentes, é recomendável o uso de um balde de gelo para deixar as garrafas dos vinhos tintos refrescarem um pouco antes de serem abertos e consumidos à temperatura adequada, em torno dos 18 °C.

Abaixo segue uma tabela referencial para as temperaturas de alguns tipos de vinho:

Os vinhos tintos de guarda, aqueles que foram mantidos nas adegas por muitos anos, desenvolvem com o passar do tempo depósitos ou borras nos fundos das garrafas, por causa da polimerização de alguns componentes que se fundem uns aos outros e se tornam mais pesados. Não são nocivos, apenas mais ásperos ao paladar e também podem deixar o vinho ligeiramente turvo, por isso devem ser removidos mediante o uso de um decanter (ver "Decantadores ou decanters", p. 170).

TEMPERATURAS RECOMENDADAS PARA O CONSUMO DOS VINHOS	
Vinhos espumantes brancos/rosados e tintos	6 °C
Vinhos brancos leves	6 °C a 8 °C
Vinhos brancos encorpados	8 °C a 10 °C
Vinhos rosados	8 °C a 12 °C
Vinhos tintos leves	14 °C a 16 °C
Vinhos tintos encorpados e tânicos	16 °C a 20 °C
Vinhos fortificados	8 °C a 10 °C
Vinhos doces	6 °C a 10 °C

DECANTADOR OU DECANTER (EM INGLÊS): RECIPIENTE UTILIZADO PARA VERTER UM VINHO EM QUE AS PARTÍCULAS SÓLIDAS DECORRENTES DE SEU ENVELHECIMENTO TENHAM SIDO PRECIPITADAS NO FUNDO DA GARRAFA, PODENDO ASSIM SER REMOVIDAS SEM UMA FILTRAGEM.

O decanter tem dupla função: ajuda na remoção das partículas sólidas e borras dos vinhos envelhecidos e também na oxigenação e liberação dos aromas dos vinhos mais jovens, fazendo com que estes respirem em contato com o oxigênio.

Deve-se deixar a garrafa do vinho a ser decantado em pé e imóvel por um ou dois dias antes de ser aberta para que as partículas sólidas se precipitem no fundo. Depois, abrir cuidadosamente a garrafa, sem fazer movimentos bruscos que possam misturar novamente essas borras ao líquido e verter lentamente o vinho limpo no decanter. Assim que as borras começarem a chegar no gargalo da garrafa, deve-se interromper o transvase para evitar que elas caiam no decanter, permanecendo na garrafa original.

Para vinhos bastante potentes e ainda muito novos, mas que temos vontade de degustar, podemos verter o líquido sem os cuidados acima, fazendo-o escorrer pelas paredes do decanter para oxigenar e evoluir rapidamente, revelando seus aromas. Depois de algum tempo no decanter, esse vinho ficará mais aromático e harmônico devido a essa oxigenação forçada. Esse tempo dependerá de cada vinho, não há uma regra definida.

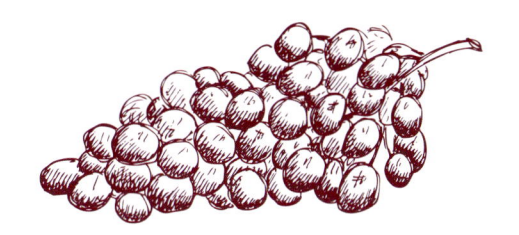

5. Degustação

Uma vez aberta a garrafa, chegou o momento de apreciar a bebida, de degustá-la.

Segundo os dicionários, o significado do verbo degustar (do latim *degustare*) pode ser: "ação de experimentar, provar ou saborear; avaliar ou apreciar através do paladar; tomar o gosto ou sabor de alimento ou bebida".

Pode-se acrescentar ainda a essa definição a palavra *atenção*, ou seja, realizar o ato de apreciar e provar de maneira muito atenta para perceber todos os detalhes e percepções de cores, aromas e sabores daquilo que se degusta.

Para bem degustar um vinho é preciso usar todos os sentidos, pois o local, os utensílios, a companhia e as circunstâncias permitem maior interação com a bebida, traduzindo-se em experiência bastante rica e envolvente, proporcionando uma sensação de prazer.

OS PRINCIPAIS SENTIDOS ENVOLVIDOS NA TAREFA DE DEGUSTAR UM VINHO SÃO A VISÃO, O OLFATO E FINALMENTE O PALADAR. DESTES, O OLFATO TALVEZ SEJA O MAIS IMPORTANTE, POIS TAMBÉM ESTÁ RELACIONADO À PERCEPÇÃO DOS SABORES.

Essa degustação ocorre em três fases distintas:

Visual

Dos três principais sentidos envolvidos, a visão é o primeiro a ser utilizado na relação com os vinhos, a começar pela escolha de uma garrafa. É pelo rótulo e aspecto visual da garrafa que ela será escolhida em meio a tantas ofertas e opções de compra. É pela visão que acontece o primeiro contato com a bebida dentro de um copo ou taça e que vai permitir a verificação de sua cor: se é viva e jovem ou mais apagada e envelhecida; se a bebida está limpa, turva, brilhante ou acetinada; por tudo isso podemos dizer que primeiro "bebemos com os olhos".

Dependendo da cor da bebida, existe a possibilidade de estimar a sua idade, se foi bem guardada durante sua vida, se foi malconservada, se apresenta algum defeito que pode ser observado pela turbidez excessiva ou cor em desacordo com a safra indicada no rótulo. Também é possível identificar ou ter indícios das uvas utilizadas para se produzir esse vinho, pois cada variedade apresenta cores com intensidades e tonalidades ligeiramente diferentes. Os vinhos tintos produzidos com uvas de peles ou cascas mais finas naturalmente oferecem tonalidades de cor menos intensas, de cor rubi e carmim mais transparentes e claras. As uvas de cascas mais grossas e escuras produzem vinhos mais intensos e com mais cor também, alguns de intensidade e cor impenetráveis, como os vinhos do Porto Vintage que, de acordo com os portugueses, são chamados de retintos, ou seja, tinto duas vezes. Se os vinhos são novos, essas cores são mais vivas e brilhantes; enquanto os mais envelhecidos terão as cores mais apagadas, mais acetinadas; e quanto maior a idade do vinho, mais a sua cor se aproximará do topázio, do âmbar.

Essas variações de tons acontecem dentro da faixa do vermelho, indo desde os mais violáceos e com reflexos azulados, como as cores de alguns vinhos novos das uvas Tannat e Touriga Nacional, para citar apenas duas, até as cores rubi mais esmaecidas e quase transparentes, como os da uva Pinot Noir, que tem a pele mais fina.

Para os vinhos brancos as cores variam em tons claros, indo dos quase incolores tons de amarelo-palha, verdejante, de alguns vinhos novos, como os das uvas Riesling e Pinot Gris, passando pelos tons dourados dos Chardonnay amadeirados, ou os mais alaranjados e acastanhados, como os Moscatéis de Setúbal, indo até os tons de topázio ou âmbar claro, no caso dos vinhos brancos bastante maduros, como os da Madeira ou vinhos do Porto Tawny com mais de 40 ou 50 anos.

A presença de gás ou pequenas borbulhas nas paredes das taças podem revelar vinhos com teores de acidez elevada, mesmo antes de serem levados à boca.

Nos vinhos espumantes, o tamanho das borbulhas, sua formação e a persistência de sua espuma também são percebidos pela visão, que podem dar pistas sobre o processo de elaboração da bebida, se pelo método tradicional e de longa tomada de espuma ou por um método rápido, como o Charmat Curto. Ou, conhecendo sua origem, permite avaliar se está de acordo com suas características regionais, sua idade, seu método produtivo ou melhor ponto de consumo.

Espumantes muito velhos ou que passaram do seu melhor momento de consumo tendem a ter uma quantidade menor de borbulhas que persistem durante menor tempo também, pois o gás vai se perdendo durante os muitos anos de guarda pela rolha, que adquire um formato de cogumelo com o passar dos anos e permite uma lenta perda de gás pela diminuição de sua vedação.

Também se percebe visualmente o possível corpo ou teor alcoólico de um vinho pela formação das lágrimas do vinho na taça, ou seja, como ele escorre pelas paredes cristalinas das taças, formando longas e lentas pernas ou arcos devido à presença maior ou menor de álcool. É esse teor alcoólico que causa mudanças na tensão superficial do líquido e provoca esse efeito. Nos vinhos mais encorpados, essas lágrimas são mais visíveis e escorrem mais lentamente pelas paredes das taças; nos vinhos menos encorpados elas são mais rápidas.

Abaixo, exemplos de cores que se podem observar nos vinhos tintos e brancos. Degustação da Confraria Taninos no Tucupi, no Restaurante Tordesilhas, em São Paulo.

Olfativa

Após esse primeiro contato visual é preciso utilizar outro sentido para apreciar e diferenciar um vinho do outro: o olfato.

Pelos aromas exalados da taça pode-se também estimar a possível origem do vinho, seja em termos de variedade de uva, localização geográfica do *terroir*, se passou por envelhecimento ou estágio em madeira, se está jovem e novo, se está no auge para ser consumido em seu melhor ponto – seu apogeu –, seja se o vinho está envelhecido e decadente.

Os aromas de um vinho se dividem em três principais estágios distintos:

1. Os *aromas primários*: são aqueles decorrentes das uvas que originaram os vinhos mais vivos e frutados, como morangos, maracujá, pimentão verde, etc.
2. Os *aromas secundários*: aqueles desenvolvidos durante o processo de produção da bebida – fermentação e passagem por madeira – como manteiga, baunilha, brioches, leveduras, pão, etc.
3. Os *aromas terciários*, desenvolvidos nas garrafas durante a sua guarda, também conhecidos como "bouquet", pois são mais complexos e remetem a odores empireumáticos, de café, tabaco, verniz, tostados, compotas, frutos secos, etc.

O formato das taças (ver "Taças", p. 181) utilizadas na degustação de um vinho pode alterar a sua percepção, por isso as cristalerias do mundo e os seus designers desenvolveram um copo ou uma taça para cada tipo de vinho, com formas ligeiramente diferentes, com o intuito de aprimorar tanto a percepção olfativa como a gustativa. Enaltecer e valorizar a experiência é o objetivo dessas taças.

As taças com o bojo bem arredondado e grande, com as bordas mais fechadas, retêm os aromas dos vinhos melhor que aquelas com perfil mais alongado e boca mais aberta. Para os vinhos mais delicados e menos intensos, como os da Borgonha, essas taças bojudas são as mais recomendadas.

Esses aromas são percebidos pela intensidade olfativa, persistência e características, por exemplo, se são mais frutados, vegetais, de especiarias, de acordo com sua complexidade e harmonia, e se são agradáveis ou expressam algum possível defeito da bebida. Um defeito bastante comum era o de rolha, também conhecido como "*bouchonné*", derivado do francês *bouchon*, que significa rolha. O vinho *bouchonné* tem aromas desagradáveis de mofo, de pano de chão. Esse defeito foi reduzido de maneira bastante significativa com o uso dos fechamentos com materiais sintéticos (rolhas de silicone ou plástico) e também das chamadas tampas de rosca, ou *screw cap*, que é o termo original inglês.

Os aromas do vinho permitem antever a sua futura passagem pela boca, pois se os aromas forem agradáveis possivelmente o gosto desse vinho também será.

Para facilitar a evaporação dos aromas de evolução ou terciários, normalmente mais sutis e de menor intensidade, pode-se girar a taça para que se volatilizem e sejam percebidos.

CURIOSIDADE: O gosto de qualquer comida ou bebida é formado na boca por meio da junção dos sabores percebidos pelo paladar, com os seus aromas exalados, e pelo retro-olfato nasal.

OS AROMAS DOS VINHOS BRANCOS SÃO DIFERENTES DOS VINHOS TINTOS, MAS AMBOS PODEM SER DIVIDIDOS EM GRANDES FAMÍLIAS PARA FACILITAR A SUA PERCEPÇÃO:

- **FRUTADOS:** MAÇÃ, MORANGO, GOIABA, MARACUJÁ, ABACAXI, LIMA-DA-PÉRSIA, *GRAPEFRUIT*, LARANJA, LICHIA, MANGA, MEXERICA, CEREJA, PÊSSEGO, DAMASCO, GROSELHA, MELÃO, MELANCIA, ETC.
- **FLORAIS:** ROSA, GERÂNIO, VIOLETA, ACÁCIA, LÍRIO, CAMÉLIA, MADRESSILVA, CAMOMILA.
- **ESPECIADOS:** PIMENTA-DO-REINO BRANCA E PRETA, CRAVO-DA-ÍNDIA, CANELA, COMINHO, AZEITONAS, BAUNILHA, CARDAMOMO, PIMENTA SÍRIA, ALCAÇUZ, ZIMBRO, NOZ-MOSCADA, ANIS, ETC.
- **VEGETAIS:** PIMENTÃO VERDE, FOLHAS VERDES, ARRUDA, GRAMA, MATO CORTADO, TOMILHO, SALSINHA, ERVAS AROMÁTICAS, COENTRO, ASPARGO, CANA-DE-AÇÚCAR.
- **QUÍMICOS:** VERNIZ, ACETONA, VINAGRE, TINTA DE CANETA, NANQUIM, ETC.
- **EMPIREUMÁTICOS:** CAFÉ, CHOCOLATE, TOSTADOS, PÃO TORRADO, FUMO, TABACO MADEIRA, ETC.
- **MINERAIS:** TERRA MOLHADA, HÚMUS, PEDRA DE ISQUEIRO, PETRÓLEO, BORRACHA, LÃ MOLHADA, ALCATRÃO.

Essas famílias de aromas são perceptíveis tanto por meio do olfato como pela deglutição da bebida, quando esses aromas retornam pela cavidade retronasal e confirmam aquilo que foi percebido pelo nariz ou apontam a bebida em direção contrária àquelas primeiras características olfativas sentidas.

Gustativa

Sendo o vinho uma bebida, é pelo paladar que, finalmente, se pode apreciar, avaliar e concluir a degustação. A percepção do paladar também pode ser dividida em três fases:

O ATAQUE INICIAL NA BOCA, O PRIMEIRO CONTATO FÍSICO COM A BEBIDA.

A PASSAGEM DA BEBIDA E SUA PERMANÊNCIA NA BOCA.

AS SENSAÇÕES POSTERIORES À DEGLUTIÇÃO, A PERSISTÊNCIA E A HARMONIA.

Ao primeiro contato do vinho com o paladar as sensações podem ser bastante agradáveis em seu conjunto, com vivacidade, firmeza e definição de sensações, como também podem ser desagradáveis, com os sabores todos misturados e confusos na boca. Essa primeira impressão é chamada de ataque inicial.

É através desse contato que haverá a primeira avaliação da bebida, o gostar ou não gostar. Percebemos o frescor representado pela acidez e o calor que o álcool transmite, que pode ser excessivo ou moderado, quando está bem equilibrado com o restante dos sabores. A maciez ou a dureza do vinho em função da presença de açúcares e dos taninos podem proporcionar uma sensação de equilíbrio e harmonia ao paladar.

As sensações da passagem da bebida pela boca são sentidas tanto pela língua como por todo o palato, e podem, a exemplo dos aromas, ser divididas em tipos de sabores, como frutados, especiados, minerais, empireumáticos, químicos, de evolução, etc. E quanto maior for a quantidade de aromas e sabores percebidos em uma bebida, maior será a sua complexidade.

Para facilitar a sua percepção é recomendável que a bebida não seja engolida de imediato, mas, sim, que permaneça durante alguns segundos na boca – tempo suficiente para que as sensações tácteis e de acidez, o teor alcoólico, o peso e o conjunto de sabores e gostos possam ser percebidos.

O conjunto das sensações deve ser de harmonia e equilíbrio, permitindo que o vinho possa ser diferenciado em relação a outro, que seja palatável e prazeroso de ser bebido e apreciado.

O tempo que o sabor do vinho permanecerá em sua boca também é outro indicativo de qualidade: quanto mais persistente ele for, mais concentração de sabor ele terá, e, portanto, maiores possibilidades gastronômicas poderão se associar a essa bebida, qualificando-a como um vinho amplo, de grande espectro gastronômico, longo.

Alguns vinhos são gostosos, prazerosos, mas deixam uma percepção de gosto e sabor muito breve no paladar. São os chamados vinhos curtos, ligeiros. Nem por isso devem ser descartados; podem ser os vinhos para as refeições do dia a dia, fazendo parte da alimentação de muitos povos, enquanto outros preferem sucos ou refrigerantes para acompanhar as refeições.

UMA VANTAGEM DOS VINHOS MAIS SIMPLES, ALÉM DO PREÇO, É QUE PODEM HARMONIZAR COM A MAIORIA DAS COMIDAS, POIS INTERFEREM MENOS NESSA RELAÇÃO.

Não se deve confundir vinhos simples com vinhos ruins, defeituosos. Os simples são apenas aqueles menos complexos e pouco concentrados de sabor, mas com qualidades que, no entanto, são menos evidentes.

Às vezes uma bebida mostra nos aromas um perfil frutado, adocicado e agradável, mas quando colocada na boca remete a sabores conflitantes com essa sensação inicial. Quando isso acontece, dizemos que o vinho não tem harmonia.

Os componentes de sabor dos vinhos podem ser descritos de acordo com a percepção que eles causam ao paladar e com passagem pela boca:

- Teor de álcool: leve, delicado, médio, alto ou quente.
- Acidez: azedo, muito ácido, fresco, pouco fresco, plano ou mole.

CURIOSIDADE: os italianos definem o correto teor de acidez dos vinhos por meio da palavra *"sápido"*, que significa aquilo que é saboroso, aquilo que tem boa palatabilidade. Portanto, um vinho *sápido* tem equilíbrio no que diz respeito a sua acidez.

- Taninos: causam secura e adstringência na boca, podendo o vinho ser percebido em vários níveis dessas sensações como rascante, áspero, adstringente, secante, fino, muito fino, macio.
- Corpo: pode ser leve, médio, encorpado.
- Persistência: refere-se à permanência do sabor na boca, podendo ser curto, ligeiro, médio, longo, muito persistente.
- Doçura: muito seco, seco, meio seco, equilibrado, enjoativo.

Além dos sabores e gostos que se referem à qualidade, há os que podem ser sintomas de defeitos, de problemas de guarda ou de produção, sendo os mais comuns provenientes de contaminações, sejam das rolhas que vedam as garrafas (*bouchonné*), sejam da falta completa de higienização das instalações ou das barricas durante o processo produtivo, o que permite a contaminação por fungos ou bactérias que aportam sabores e aromas desagradáveis aos vinhos, sendo a *Brettanomyces* a mais frequente e comum, para citar um exemplo. A acidez volátil na forma de acetato de etila, que promove um gosto avinagrado ao vinho, também é considerada defeito quando em excesso. Os problemas de higienização foram praticamente eliminados nas vinícolas modernas, todas construídas em aço inox, com pisos e paredes impermeáveis e laváveis, ficando mais restritos aos produtores artesanais e que mantêm seus velhos e antigos tonéis de madeira para fermentar e guardar seus vinhos, mais sujeitos a esse tipo de ocorrência.

Harmonização e consumo

Os vinhos podem ser consumidos de maneiras tão distintas quanto são as suas variedades, tipos e origens. Existem aqueles vinhos que atingem o patamar do sublime, e de tão bons são reconhecidos como vinhos de puro deleite, para serem degustados sem qualquer acompanhamento, conhecidos também como vinhos de meditação. São aqueles vinhos que todos gostariam de degustar, mas apenas uma pequena parcela da população terá a oportunidade de provar um dia na vida, seja pela raridade, seja pelo custo.

São vinhos provenientes de microproduções de apenas algumas centenas de garrafas; outros são de antigas e excelentes safras guardadas durante décadas para um dia se mostrar em sua plenitude. De qualquer forma são vinhos raros e caros que são arrematados em movimentados e dinâmicos leilões e que podem atingir patamares de preços inimagináveis.

Creio que uma das melhores maneiras de se apreciar um bom vinho é à mesa, acompanhado por uma refeição e sendo valorizado por essa interação. O vinho colabora na percepção e aumenta o prazer da comida e, em contrapartida, terá seu sabor realçado pela gastronomia, tornando-se mais harmônico e rico ao paladar. O resultado de uma experiência dessa natureza pode ser inesquecível e depende, além dos preparos gastronômicos, de alguns detalhes que vão desde a escolha correta das taças, do lugar onde a bebida é apreciada, até a interação entre as pessoas presentes.

Existem alguns conceitos básicos que podem facilitar o entendimento das harmonizações entre comidas e vinhos. Esses conceitos podem ser divididos da seguinte forma:

1. Harmonizações regionais/culturais.
2. Por contraste.
3. Por semelhança.

NAS DIFERENTES HARMONIZAÇÕES A PALAVRA-CHAVE É COMPLEMENTARIDADE, EM QUE, POR MEIO DA SINERGIA DAS SENSAÇÕES, PROVOCA UMA INTERAÇÃO DE SABORES, AROMAS, GOSTOS QUE SE COMPLEMENTAM E CAUSAM UMA AGRADÁVEL SENSAÇÃO DE PRAZER.

As harmonizações regionais ou culturais são aquelas decorrentes da tradição em degustar determinado prato com determinado vinho, geralmente provenientes da mesma região, pois até meados do século XX as pessoas não viajavam com a mesma facilidade de hoje. Era comum que os vinhos fossem consumidos onde eram produzidos, e suas experiências positivas com alguns pratos locais foram sendo reconhecidos como boas harmonizações, aquelas que resultam em prazer, equilíbrio e satisfação.

Essas boas experimentações foram sendo replicadas em outros locais e, devido a esses bons resultados, hoje são consideradas harmonizações clássicas e tradicionais. Podemos citar, como exemplo, a harmonização do *foie gras* com vinhos Sauternes, em que o vinho adocicado e ácido contrasta e complementa o sabor marcante e levemente salgado do patê de fígado de pato ou de ganso em uma deliciosa combinação, ou do Jerez espanhol com o Jamón Pata Negra, quando o vinho mineral e ácido dissolve a sensação gordurosa e salgada do presunto, levando frescor ao conjunto.

Uma harmonização por contraste ocorre quando duas sensações opostas são percebidas e trazem equilíbrio no resultado final gustativo. Um exemplo clássico é o queijo forte e salgado tipo gorgonzola com vinhos adocicados, como os do Porto, Marsala ou algum outro de perfil semelhante.

As *harmonizações por semelhança* ocorrem quando as sensações são parecidas, ou seja, doce com doce, ácido com ácido, etc. Uma boa experiência são os ceviches com vinhos brancos ácidos, como os Riesling alemães, para citar apenas um.

As percepções de sabor e gosto não ocorrem isoladamente na boca. Elas são o somatório de todas as sensações, mas com ênfase ou tendência maior a uma delas, que vai dar o direcionamento de qual bebida deve produzir a melhor ou a mais adequada harmonização.

Nem sempre as sensações de contraste ou semelhança produzem boas harmonizações se não houver complementaridade entre elas.

Segundo Aristóteles, a harmonia seria a parte imaterial da beleza, e que ela é parte da sensibilidade humana. Na obra *De Anima*, livro I.47, ele definiu harmonia como *"logos tis tôn mikhthentôn"* que significa "uma certa razão dos mistos", isto é, a expressão da relação que os elementos combinados guardam entre si ou a composição desses elementos como parte de um todo.

É A EXPERIÊNCIA DO CONCRETO QUE SE MESCLA AO ABSTRATO, GERANDO PRAZER E CONFORTO, E QUANDO ISSO ACONTECE PODEMOS DIZER QUE HOUVE UMA BOA HARMONIZAÇÃO ENTRE UMA BEBIDA E UMA COMIDA.

Uma das maneiras de se obter bons resultados nessas harmonizações é o uso de vinho no preparo da comida, preferencialmente do mesmo tipo que será utilizado para acompanhá-la à mesa, pois essa semelhança de sabores permite uma interação mais amigável entre ambos. É o caso, por exemplo, de um prato em que a carne, usada para seu preparo, pode ser cozida em vinho. Quando o prato é servido acompanhado de vinho semelhante ao usado no preparo da carne, na maioria das vezes ocorre uma boa harmonização.

Alguns livros descrevem vários tipos de alimentos e seus possíveis parceiros junto à mesa, mas essas combinações são bastante limitadas e acabam, de certa maneira, restringindo ou influenciando as experiências. Essas tabelas devem ser utilizadas apenas como referência simples e sem grandes expectativas.

NADA MAIS PRAZEROSO DO QUE OUSAR, EXPERIMENTAR E TIRAR AS SUAS PRÓPRIAS CONCLUSÕES, BASEADO EM SEU GOSTO PESSOAL.

Assim como há grande diversidade de pratos e modos pessoais de preparo, certamente haverá um vinho que se harmonizará perfeitamente com um deles, basta procurar, em companhia dos amigos e das pessoas queridas em volta de uma mesa, em um wine bar ou local que favoreça essas experimentações.

Como observação geral podemos dizer que os vinhos de sabores marcantes podem harmonizar melhor com gastronomias de personalidades fortes, assim como os pratos mais simples e cotidianos com bebidas mais simples também.

Embora vinhos encorpados peçam comidas mais fortes e vinhos mais leves, pratos mais leves, isso não deve ser tomado como regra absoluta, pois, dependendo do que se pretende valorizar na refeição, o peso dessa relação pode ser direcionado para a bebida ou para a comida.

Há uma orientação conhecida de que vinhos tintos são indicados para as carnes e vinhos brancos, para os peixes, mas ela pode ser deixada de lado e cada pessoa pode experimentar novas e ousadas combinações entre comidas e vinhos. A gastronomia atual funde diversas tendências e isso pode proporcionar sabores e gostos inusitados. Só como exemplo, a gastronomia brasileira, rica em ingredientes nativos e pouco conhecidos, permite uma infinita combinação de aromas e sabores que foge à regra baseada na cultura europeia e que nos surpreende quando provada com os vinhos.

Para finalizar o tema, segue abaixo uma tabela com algumas das sensações percebidas nas comidas e nos vinhos, que pode auxiliar na tarefa de escolher a bebida para acompanhar uma refeição ou algum petisco:

INTERAÇÃO ENTRE OS SABORES – COMIDAS X BEBIDAS	
Tipos de comida ou alimento	Tipos de vinho
Gordurosas/untuosas/suculentas	Tintos adstringentes encorpados ou brancos encorpados e alcoólicos
Ácidas	Brancos leves e ácidos
Salgadas (ex.: bacalhau)	Brancos leves e ácidos ou tintos leves e sem muita presença de taninos
Pouca gordura ou menos suculentas	Brancos de médio corpo ou tintos leves
Queijos adocicados	Tintos ou brancos secos ou vinhos adocicados
Queijos moles e salgados	Tintos leves de boa acidez e brancos encorpados
Queijos duros e salgados	Brancos ácidos secos ou doces
Embutidos gordurosos	Tintos tânicos ou brancos encorpados
Embutidos magros	Brancos ácidos e leves
Amargas	Brancos ou tintos doces ou brancos secos e ácidos
Sobremesas ácidas	Brancos ou tintos doces e ácidos
Sobremesas bem doces	Brancos ou tintos bem doces

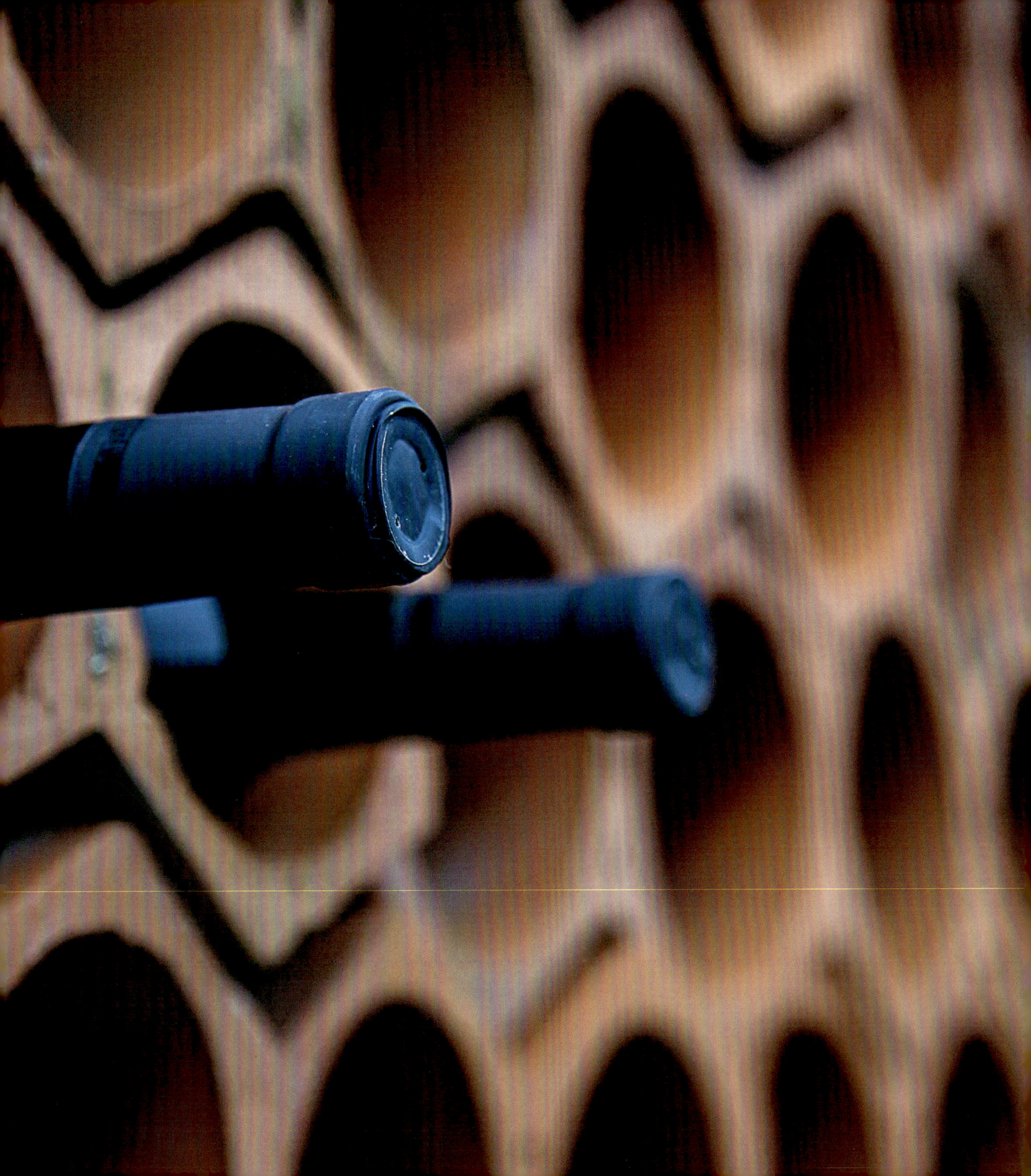

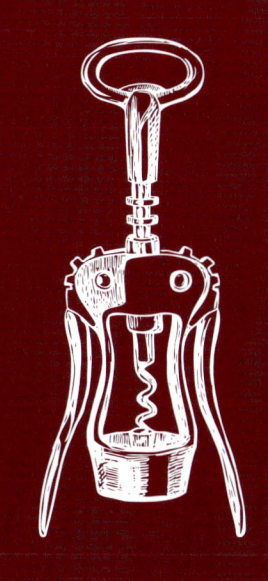

PARTE 2

o design e o espaço

Um grande vinho requer um homem louco para
cultivar a videira, um homem sábio para cuidar dela,
um poeta lúcido para fazê-lo e um amante para bebê-lo.
Salvador Dalí

6. O design, seus elementos e o design sensorial

No processo criativo, ou design, são utilizados vários elementos que devem ser empregados de modo a permitir que o resultado final da composição seja exatamente o que se buscou criar, ou seja, que atenda a todos os requisitos preestabelecidos no projeto.

A utilização consciente desses elementos faz parte do trabalho de profissionais da área do design. Conhecer cada um deles e saber como utilizá-los de maneira a "tirar o maior proveito" do projeto é fundamental.

Estimular um certo "friozinho na barriga", por exemplo, é tarefa do design sensorial, que busca transformar os ambientes em espaços que geram emoções e não simplesmente espaços bem organizados, funcionais, só que sem "alma".

Design sensorial

A **visão**, o **tato**, a **audição**, o **olfato**, o **paladar** e ainda a **intuição** são as "armas" que devem ser empregadas para criar o diferencial de um ambiente, estimulando os consumidores e frequentadores a viverem uma experiência dentro dos ambientes e não simplesmente a utilizarem bem os espaços. Portanto, esse componente que "mexe" com os nossos sentidos deve ser considerado sempre que possível no resultado final do projeto.

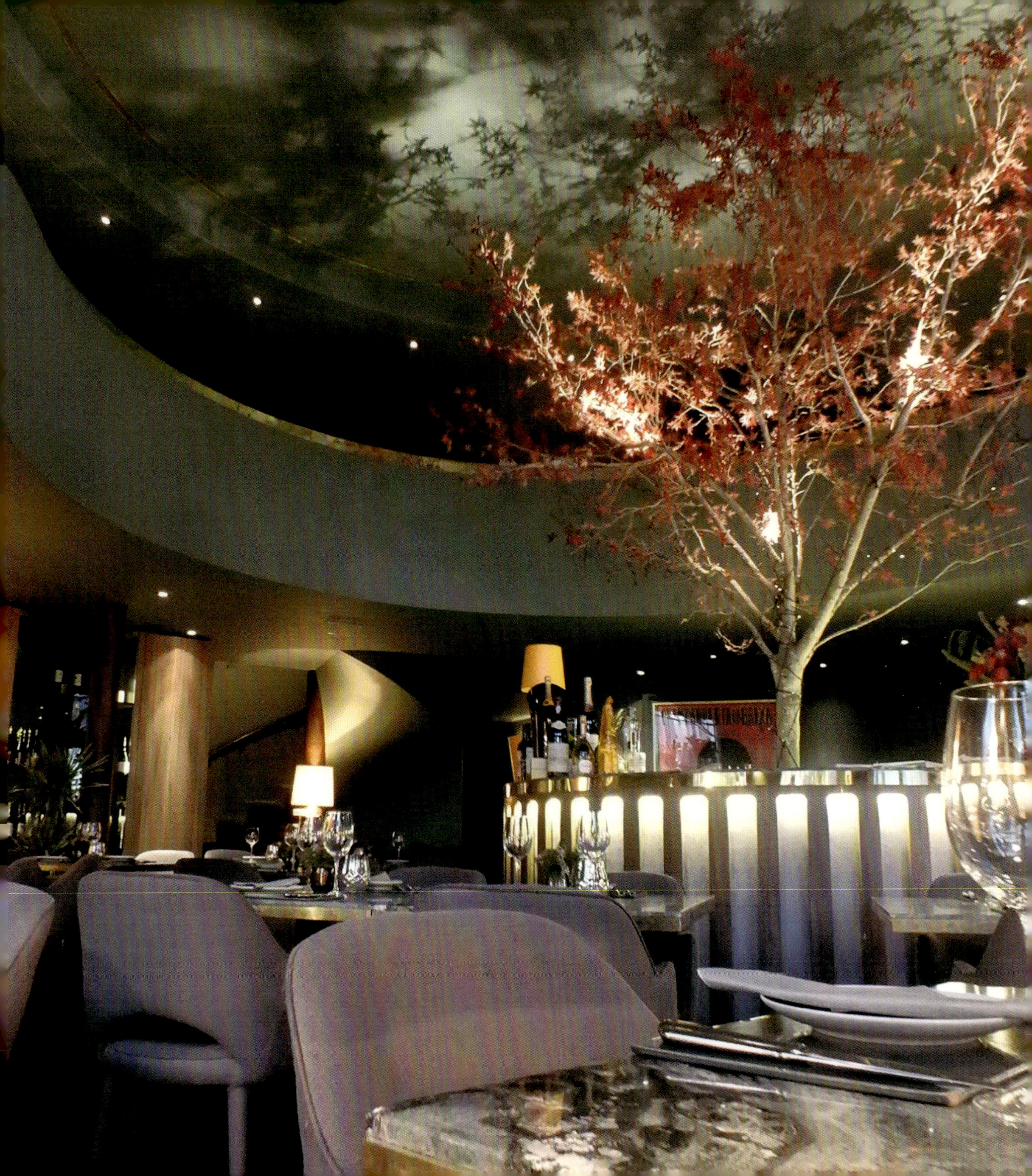

CHAMP'S DA BAIXA é uma "champanheria", no Porto, Portugal, que com seu jogo de luz, sua cor lilás que estimula a intuição e com a grande árvore no centro junto ao balcão do bar mexe realmente com nossas emoções. Especializada em servir champanhe e espumantes, a casa também agrada pela música ambiente e atmosfera intimista e sofisticada. Os responsáveis pela remodelação do espaço foram Bruno Gomes e Rui Botelho.

As sensações que as pessoas podem experimentar nos diferentes ambientes de um projeto são fruto da combinação dos elementos do design, de seus princípios e da utilização de recursos, sempre dependendo do tipo de projeto e de quais sentidos ele pretende estimular para acrescentar maior diferencial ao design.

A utilização de som ambiente, por exemplo, é cada vez mais frequente em projetos comerciais de todos os tipos, e nas vinícolas e wine bars esse recurso também poderá estar presente.

Um "cheiro" padrão para os estabelecimentos comerciais vem sendo cada vez mais solicitado, com o surgimento de empresas especializadas em criar fragrâncias personalizadas, que identifiquem e representem as empresas. Algumas vinícolas já desenvolveram sabonetes e produtos com o cheiro do vinho que produzem.

O paladar também pode ser estimulado por meio de odores ou mesmo por estímulos visuais, como garrafas de vinho espalhadas ao acaso pelos ambientes, estando ali para despertar a vontade de degustar e saborear um vinho.

Quanto à intuição, ela pode estar presente tanto no processo de concepção do projeto, pelo profissional, como na sensação criada por ele, buscando despertar o sexto sentido dos usuários, como a utilização da cor lilás no Champ's da Baixa, para citar um exemplo bastante simples. A música ambiente e a iluminação também podem ser utilizadas para despertar a intuição.

Os elementos do design

O **espaço** que será parte integrante do design pode variar de forma e tamanho. Podemos ter um espaço enorme ou um restrito ao interior de uma gaveta, por exemplo.

O espaço sob a escada do wine hotel **QUINTA DA PACHECA**, em Portugal, foi muito bem preenchido com o projeto de uma vitrine onde estão expostas garrafas dos vinhos produzidos na propriedade. As esculturas e demais obras de arte espalhadas pelos ambientes estimulam os sentidos não somente pelos temas, mas também pelas texturas.

O projeto de **iluminação** de praticamente todos os ambientes está baseado na iluminação natural abundante e em uma iluminação noturna mais intimista, com abajures e arandelas com luz indireta.

À noite a sensação é de tranquilidade e aconchego, com móveis de texturas agradáveis aos olhos e ao tato.

As **linhas** presentes no teto estão camufladas, já que foram pintadas da mesma **cor** das paredes. Esse recurso estimula o olhar, pois quando olhamos para cima descobrimos **texturas** e novos detalhes do projeto.

A rigidez das linhas retas no piso, nos varões e as **formas** quadradas dos quadros, em algumas peças de mobiliário e na lareira, por exemplo, são amenizadas pelas formas mais arredondadas dos sofás e das cadeiras. Uma composição bastante equilibrada, com um esquema de **cor** acromático.

A **padronagem** das almofadas ajuda a criar maior interesse na composição, estimulando o olhar a "passear" por ela em busca de outras surpresas.

7. Wine bars, vinoteca, wine shop, enoteca, cellar, bodega, cave, garrafeira e adega

Foram vários os nomes encontrados para definir os estabelecimentos de consumo e/ou venda de vinho em diferentes países. Nomes diferentes para ambientes e espaços com as mesmas funções e ainda com soluções de design com características bem semelhantes ou que se sobrepõem.

Algumas dessas soluções de projeto muitas vezes se repetem bastante, mostrando uma certa tendência de design "globalizado" ou mesmo um "modismo" que acompanha essa nova onda que se espalhou pelo mundo.

A MAIORIA DOS ESTABELECIMENTOS, ENTRETANTO, AINDA PARECE BUSCAR UMA IDENTIDADE DENTRO DA GLOBALIZAÇÃO, VISANDO SE DESTACAR, SAIR DE UMA PADRONIZAÇÃO QUE PODE TORNAR O NOSSO MUNDO VISUALMENTE SEM GRAÇA.

Wine bar, mais propriamente falando, seria o local onde se vai para consumir vinho acompanhado de petiscos, tábuas de frios, tapas, etc. No entanto, usa-se essa mesma denominação para locais que, além dos petiscos e do bom vinho, também vendem os vinhos que oferecem aos seus consumidores.

"O vinho e a música sempre [...] para mim um magnífico [...]"

THE WINE BOX, no Porto, Portugal, oferece mais de 400 tipos de vinhos portugueses que estão por toda parte, em prateleiras, estantes, sobre as mesas… além de tapas (petiscos) escolhidas no menu em um *tablet*, fornecido pelos jovens que servem e que se comunicam via *bluetooth* com o proprietário, que controla e observa tudo por trás do balcão de bebidas.

A tecnologia é fundamental para o bom funcionamento desse pequeno wine bar, que sempre está cheio de consumidores que buscam fazer uma degustação ou simplesmente saborear um bom vinho com os amigos.

A atmosfera foi criada com a utilização de madeira; partes de caixas das embalagens de vinho; frases pintadas em branco, dando vida aos pilares e às paredes pretas; e garrafas e geladeiras de todos os tamanhos cheias de vinhos à espera de seus consumidores.

As mesas são aproximadamente sete, e delas pode se observar, em um pequeno espaço elevado com um balcão rodeado de garrafas, o *chef* preparando as tapas que serão servidas.

Esse ambiente compacto, basicamente masculino, já que o design fez uso de linhas retas, do preto e da iluminação intimista, é bastante funcional. A madeira ajuda a quebrar a frieza, ou melhor, a dar aconchego.

Vinoteca, **enoteca** ou **wine shop** são lojas de vinhos, mas podemos encontrar locais assim designados que oferecem degustação da bebida, petiscos ou ainda produtos alimentícios gourmet, ou seja, produtos sofisticados, diferentes, feitos com ingredientes especiais, com receitas especiais e que, no nosso caso, seriam destinados ao consumo, acompanhando um bom vinho que estaria também à venda.

VINOTECA COPO & ALMA, no Porto, Portugal, tem um projeto de arquitetura e de design de interiores bastante interessantes.

Sua área total é composta por quatro ambientes diferentes que estão distribuídos em quatro níveis alternados. Como existem janelas, ou aberturas, somente na frente e no fundo da edificação, a total remoção das paredes internas entre os níveis resolveu problemas como baixa iluminação e ventilação.

Como são intercalados, os espaços parecem estar ligados entre si, o que, na verdade, não ocorre, além de parecerem muito mais amplos do que são na realidade.

A exposição de vinhos se dá em todos os níveis da construção, já que a função principal do estabelecimento é a vinoteca, ou seja, a venda de vinhos. No nível -1 está a adega; no nível térreo, a entrada. Um wine bar com apenas uma mesa para compartilhar fica no +1 e, no +2, fica o lounge, uma área reservada para wine tasting (degustação) de vinhos especiais.

Todos os ambientes utilizam basicamente a cor preta e linhas retas com pequenos detalhes em madeira. A iluminação é feita por spots direcionáveis.

Cellar, bodega (espanhol), cave e garrafeira são todas palavras associadas a porão e que, no mundo do vinho, designa um local subterrâneo onde se guardam ou se envelhecem garrafas de vinho. Mas também são utilizadas para definir locais onde se podem comprar ou consumir vinhos acompanhados de alimentação.

SCHLUMBERGER SPARKLING WINE CELLAR, na Áustria, é uma vinícola que produz espumantes segundo o *Méthode Traditionnelle* (método do *champagne* francês).

No subterrâneo da empresa encontram-se caves que se estendem por aproximadamente 1 km. É uma fantástica adega em labirinto com teto abobadado e inúmeros espaços diferenciados.

Algumas das caves são utilizadas como espaços para festas, cerimônias e degustação, mas a grande maioria serve para armazenamento das garrafas de espumante à espera do amadurecimento.

As etapas do processo francês da produção do *champagne* podem ser observadas e acompanhadas em um clima envolvente e encantador. Uma parte da adega foi destinada ao passo a passo do processo, por meio de quadros e desenhos. Aprende-se enquanto se viaja no tempo e no mistério da atmosfera criada.

Ali se encontram armazenadas as garrafas nas três posições necessárias para a produção de um espumante de qualidade, além de barris e outros componentes interessantes do mundo dos espumantes.

O projeto de iluminação é um grande aliado da atmosfera final, pois cria e desperta emoções, tanto na iluminação das garrafas quanto na

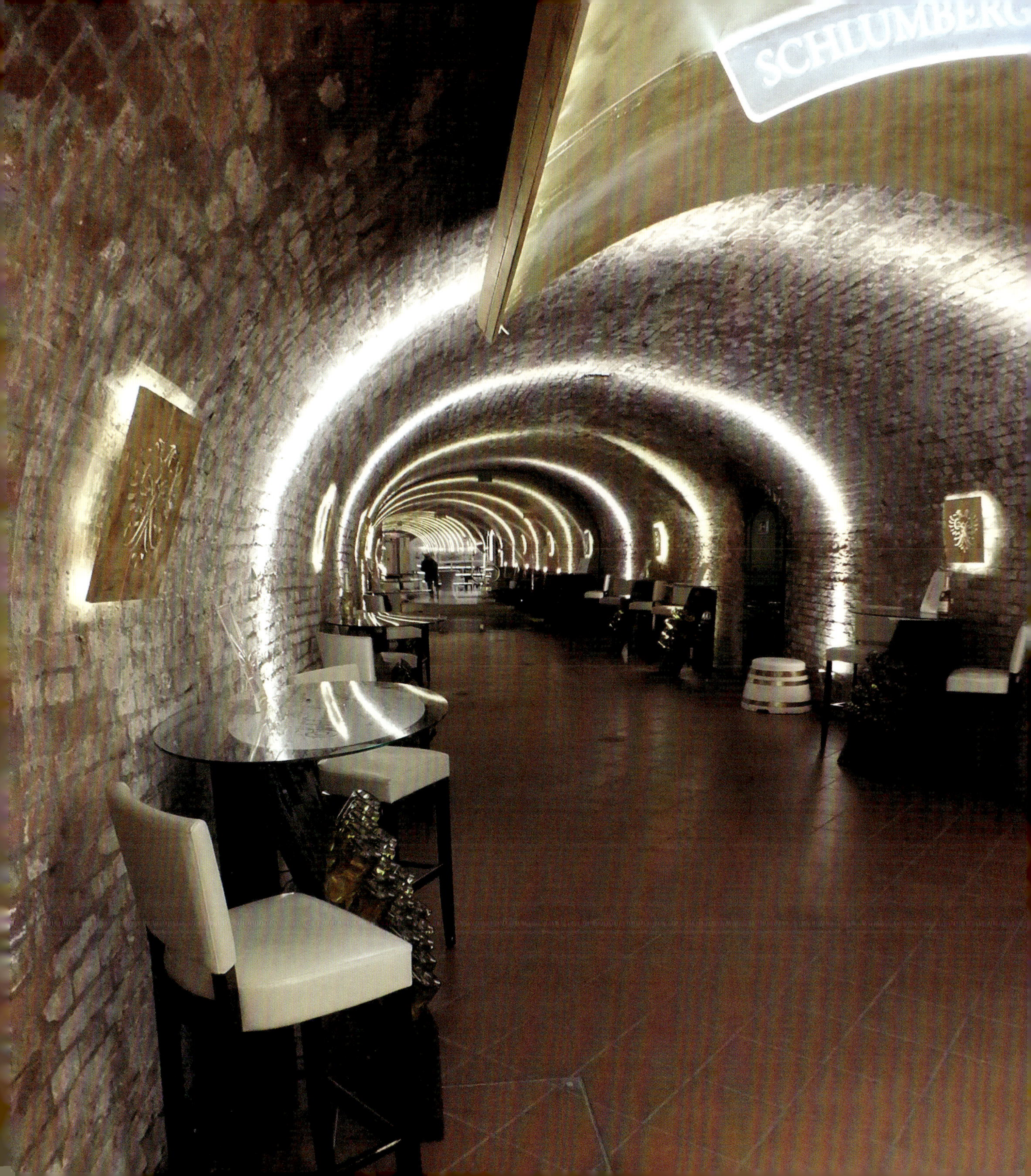
SCHLUMBERG

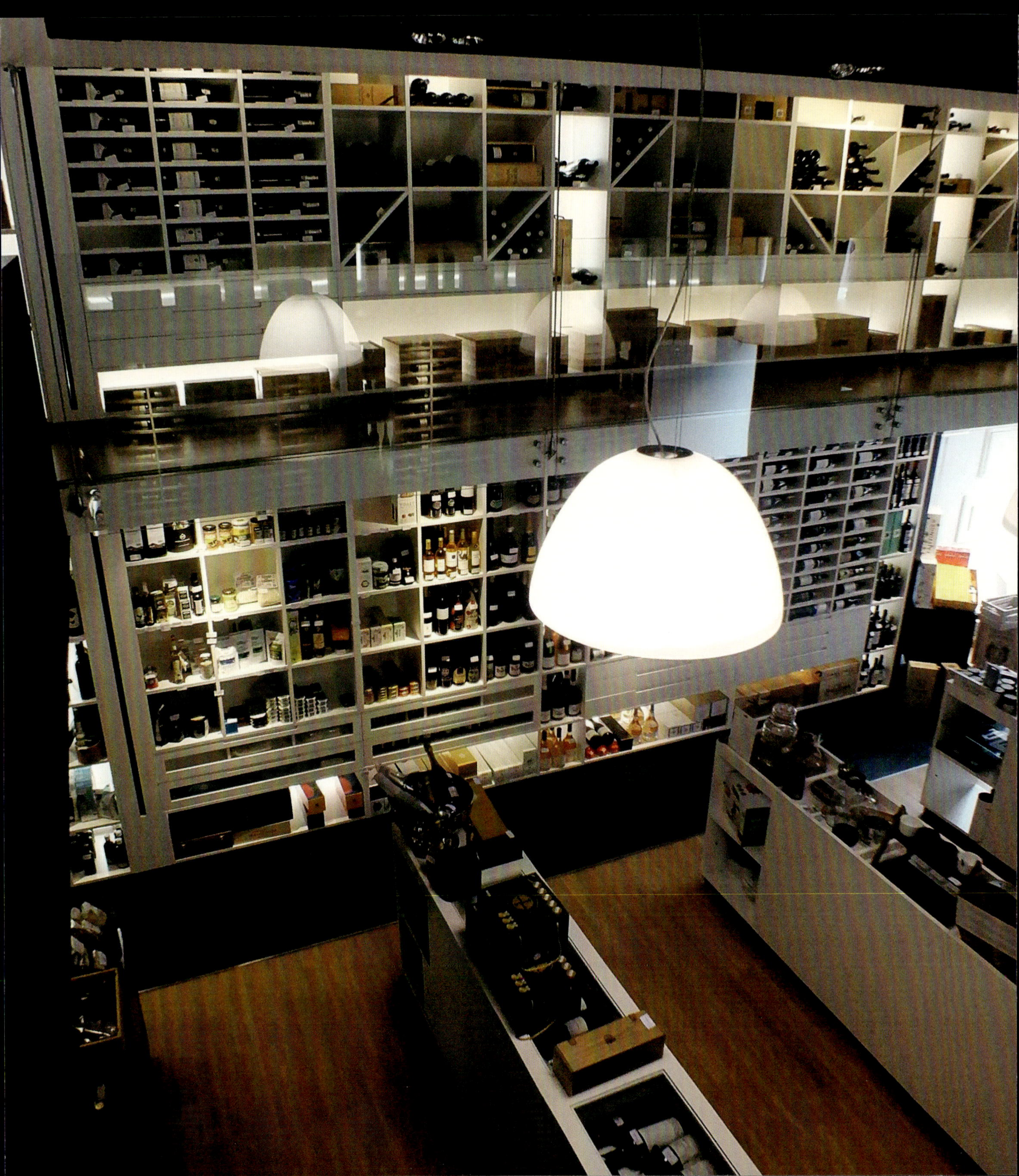

iluminação intimista que se desenvolve por todo o percurso.

O edifício onde está instalada a Schlumberger também abriga uma galeria de arte no piso superior, e no térreo há um balcão bar para degustação e compra dos inúmeros produtos criados para fortalecer a marca (ver "Branding e merchandising", p. 185).

Adega pode ser entendida como um lugar térreo, ou subterrâneo, onde são armazenadas as bebidas, ou como um estabelecimento comercial em que se vendem bebidas alcoólicas.

A **LATINA – ADEGA**, em Aveiro, Portugal (projeto do arquiteto David Caria), ocupa dois andares. No térreo uma quantidade grande de vinhos portugueses está à venda, junto a tudo o que seria aconselhável para que se saboreie um cálice de vinho com perfeição.

A atmosfera criada é bastante intrigante, com um jogo de preto e branco e luminárias grandes pendentes de vidro fosco.

O teto é preto e o piso é composto de madeira com contorno preto. Essa composição dá destaque às paredes brancas, com estantes embutidas como se pertencessem à alvenaria, em que se expõem os vinhos e seus rótulos, criando uma enorme gama de cores e padronagens.

No espaço central estão balcões também brancos que expõem vinhos e utensílios, além de uma vasta gama de embalagens, especialmente criadas para valorizar ainda mais a bebida.

A iluminação geral é feita por pendentes majestosos de vidro. De modo bastante criativo esses pendentes iluminam o térreo e o mezanino, ao mesmo tempo que abaixam visualmente o pé-direito, dando um pouco mais de aconchego ao nível térreo. O projeto de iluminação se completa com spots direcionáveis no teto e iluminação nas estantes, conferindo um tom mais intimista ao mezanino.

No segundo andar, ou mezanino, estão algumas garrafas da coleção do proprietário, os vinhos do Porto que estão à venda e a sala para degustação.

Garrafas de vinho do Porto de 1957 e outras do século XIX testemunham a apreciação da bebida pelo proprietário e enche os olhos!

Essa adega foi muito bem resolvida, e a atmosfera é sofisticada ao mesmo tempo que não oprime nem "espanta" os compradores menos conhecedores ou **experts** em vinho.

O proprietário é muito prestativo, e seu conhecimento "complementa" o projeto.

8. A cultura de saborear um cálice de vinho e a teoria dos terceiros lugares

O vinho, por si só, está mais relacionado à formalidade e ao requinte. Devido o seu alto grau alcoólico tende a ser consumido em menor quantidade do que a cerveja, por exemplo, e vem se expandindo como bebida preferencial não somente do público feminino.

Na busca de uma vida mais saudável, muitos consumidores estão optando pelo vinho, já que se sabe que, quando consumido em pequena quantidade e junto à refeição, ajuda a manter uma boa qualidade de vida pelos poderes antioxidantes.

POR SUAS CARACTERÍSTICAS SAUDÁVEIS, DE FAVORECER UMA VIDA LONGA (DESDE QUE NÃO CONSUMIDO EM EXCESSO), O VINHO VEM GANHANDO MAIS ADEPTOS EM TODAS AS PARTES DO GLOBO!

A sociedade atual vive uma rotina estressante, sem tempo para nada e, de certa forma, totalmente dependente da internet. Infelizmente vive-se uma falsa sensação de muitos amigos e de nunca estar sozinho nesse novo mundo virtual. No entanto, novos estudos sobre o poder da rede mostra o perigo que o excesso dessa tecnologia pode ser em nossas vidas, ao ponto de criar uma dependência que pode tornar as pessoas ainda muito mais isoladas, sozinhas e vazias.

A teoria do terceiro lugar de **Ray Oldenburg** surgiu muito antes do mundo Facebook e da conexão 24 horas por dia – onde não se está onde se está, mas onde seus amigos estão. Posto o que vejo, o que como, o que faço, mas na realidade não vivo aqueles momentos 100%, pois quero mostrar onde estou e saber onde se encontram meus amigos.

A teoria do terceiro lugar aponta para a necessidade das pessoas de interagir física e espacialmente com outras pessoas em três diferentes níveis para que elas mantenham uma vida saudável e, principalmente, preservar a saúde mental.

Como descreve em seu livro *The Great Good Place*, as pessoas precisariam basicamente de três pontos de apoio, ou seja, de três "**lugares**" para chegar a um real equilíbrio biopsíquico interno e externo.

São eles o **lar**, que preenche suas necessidades afetivas mais profundas; o **local de trabalho**, onde elas dão vazão à sua necessidade de produzir e exercitam suas relações profissionais; e, por fim, um **local** que as faça se sentirem **parte de uma comunidade**, onde se encontram com pessoas que gostam de coisas muito similares e onde não precisam explicar quem é mas simplesmente "estar" em um determinado grupo de pessoas "parecidas".

Nos livros *Café com design* e *Cerveja com design*, foram analisados locais como cafeterias, cafés, cervejarias e pubs, por exemplo, que são, em diferentes países do mundo, os terceiros lugares de vários grupos de pessoas. Neste novo livro serão analisados os wine bars, vinotecas e tantos outros espaços onde pessoas que apreciam um bom vinho se encontram unidas em um único ponto em comum: a vontade de saborear uma taça ou, quem sabe, aprender um pouquinho mais sobre essa bebida que está tomando conta do coração de vários consumidores pelo mundo afora.

SE AS REDES SOCIAIS, VIABILIZADAS PELA INTERNET, FOREM UM SUBSTITUTO DO TERCEIRO LUGAR – QUE ESTÁ DIRETAMENTE RELACIONADO COM A NOSSA NECESSIDADE DE PERTENCER A UM GRUPO, DE FAZER SENTIDO... E SE ESSE PERTENCER A UM GRUPO PASSAR A SER O COMPUTADOR OU O CELULAR... UM MUNDO QUE NA REALIDADE NÃO EXISTE, CREIO QUE NOSSA SAÚDE MENTAL ESTARÁ EM PERIGO.

O DESIGN E A ARQUITETURA PODEM SER UTILIZADOS, MUITAS VEZES, COMO UM RECURSO PARA QUE O PÚBLICO-ALVO, OU SEJA, O "PADRÃO" DAS PESSOAS QUE SE DESEJA COMO FREQUENTADORES DE UM DETERMINADO ESTABELECIMENTO COMERCIAL, SEJA ATINGIDO. EM OUTRAS PALAVRAS, O DESIGN E A ARQUITETURA DE INTERIORES APONTARÃO PARA QUE TIPO DE PESSOA PODERÁ SE SENTIR BEM E CONFORTÁVEL DENTRO DO ESPAÇO QUE ELES CONFIGURAM.

É por esse motivo que muitas vezes vamos a determinados locais, entramos, olhamos ao redor e acabamos saindo... sem saber bem o porquê.

Assim, cada local estará destinado a um grupo de pessoas que possuirão características em comum. Portanto, a escolha do terceiro lugar para cada um de nós estará diretamente relacionado ao design interno.

Sentir-se "pertencente a um grupo", de certa forma, é se sentir bem e confortável na solução de projeto que encontramos no local que esse grupo frequenta.

EXISTEM PARA CADA PESSOA QUE BUSCA SEU TERCEIRO LUGAR DIFERENTES POSSIBILIDADES DE "AGREGAÇÃO", CADA UMA PROPONDO UM DESIGN, UMA ATMOSFERA, UM ESTILO... EVENTUALMENTE, UMA DELAS AGRADARÁ UM GRUPO DE PESSOAS COM ALGUMAS CARACTERÍSTICAS COMUNS E, CONSEQUENTEMENTE, UM MODO SIMILAR DE APRECIAR UM CÁLICE DE VINHO, SOZINHO OU COM AMIGOS.

Por estar mais ligado à formalidade e ao requinte, como já dissemos, cabe também ao designer a criação de ambientes mais informais e simples para que mais pessoas possam saborear o vinho sem se sentirem desconfortáveis ou "fora de lugar".

Nos finais de tarde, durante o inverno, é bastante comum as pessoas se encontrarem ao redor de uma panela de **vin brûlé** (ver receita na página seguinte) nas ruas das cidades do Trentino italiano. A maioria dessas pessoas passa a manhã em uma estação de esqui e faz um passeio no final da tarde, reunindo-se para um vinho quente com amigos ou familiares que, mesmo de pé, se divertem.

Contudo há espaços mais sofisticados, como o **SPAZI** ristorantino e enoteca em Rimini, na Itália, instalado em uma antiga "drogheria", ou seja, um tipo de venda antiga, que mantém detalhes bastante clássicos e refinados em seu interior, atraindo clientes como profissionais, casais e amigos para uma taça de vinho no final da tarde.

Receita: Vin brûlé

INGREDIENTES

- 1 litro de vinho merlot (preferencialmente)
- 1 colher de sopa de açúcar
- Casca de ½ limão siciliano (amarelo)
- ¼ de maçã vermelha, com casca, cortada em fatias
- ¼ de laranja com casca
- 30 gramas, em partes iguais, de: cravos-da-índia, casca de laranja seca e pau de canela-do-ceilão, em pedaços pequenos
- 1 anis-estrelado (opcional)

PREPARO

- Misture todos os ingredientes e leve ao fogo médio até ferver.
- Apague o fogo, acenda um fósforo e "queime" o álcool, tocando o fósforo na superfície da bebida.
- Coloque o vinho em copos médios, usando uma concha, e sirva.

9. O design dos terceiros lugares pelo mundo do vinho

Cada país e seu povo apresentam suas características próprias, quer sejam físicas, quer sejam comportamentais. O que se consome, como, quanto, quando e onde irá varia bastante de país para país, de cidade para cidade e até mesmo de um bairro para outro, dependendo, por exemplo, do perfil imigratório que habita determinado lugar.

Algumas características comportamentais estão fortemente vinculadas ao clima, já que esse é um fator que interfere não somente nas questões de alimentação, bebidas e modo de vestir, mas também nas construções, no design de interiores e, basicamente, na forma de se relacionar com determinados espaços.

Como já dissemos antes, é importante que o design respeite essas diferenças que tanto enriquecem nossas vidas e que preserve as diferentes culturas da globalização e da falta de personalidade a que estamos sujeitos na era da informática.

- **Austrália**

A Austrália sempre foi conhecida como um país onde se bebe cerveja e se bebe bastante! Uma das particularidades do país é o *"binge drinking"*, ou seja, beber com a finalidade de ficar totalmente bêbado.

No período colonial a cerveja já era consumida em grande quantidade e, por volta de 1850, com a corrida do ouro, passou a ser enorme o número de pessoas que bebiam em excesso.

O vinho, nessa mesma época, era visto como uma bebida com o poder de incentivar o "bom comportamento", e tentou-se, em vão, aumentar o consumo do vinho como substituto da cerveja. Por volta de 1910, já se consumia 10 vezes mais cerveja do que vinho, e, nos anos 1950, beber cerveja já fazia parte do "modo australiano de ser".

Como outros países, no entanto, a Austrália está passando por uma mudança, tentando incentivar um menor consumo de álcool. Essa alteração nos costumes favorece o consumo de vinho, que há alguns anos vem se tornando uma bebida muito apreciada pelos australianos principalmente pelo público feminino.

O aumento do consumo de vinho, ou de sua apreciação, no entanto, teria realmente começado depois da Segunda Guerra Mundial, há 73 anos, graças a fatores como a grande migração europeia consumidora de vinho, a prosperidade econômica vivida no país, a maior adesão por parte do público feminino e a própria indústria vinícola que, cada vez mais, adapta o vinho ao gosto particular de seus consumidores.

Com uma indústria vinícola relativamente nova, se comparada aos concorrentes europeus, o país é um dos grandes exportadores de vinho, embora seu consumo esteja ainda em expansão.

Beber para o povo australiano não é somente beber sozinho e diariamente, mas também e principalmente em companhia dos amigos.

Por ser bastante informal, é comum ver grupos de amigos sentados em cobertores para piqueniques no gramado de um parque, cada um com sua própria bebida na bolsa térmica, saboreando sua bebida favorita.

Essa cultura de "cada um sempre leva sua bebida, seja ao parque, seja a uma festa, favorece e facilita a vida dos amigos pois cada um escolhe o que quer beber, qual vinho prefere, e o leva na bolsa térmica.

A cultura do **Prosecco** está invadindo a casa dos jovens profissionais, que fazem questão de oferecer a bebida com um pedaço de bolo em comemorações.

VOYAGER ESTATE, em Margaret River, Austrália, com projeto de Geoffrey Summerhayes, é uma vinícola construída em um estilo que reproduz as vinícolas da África do Sul. Michael Wright, proprietário da vinícola, visitou a região de Stellenbosh e escolheu o **Cape Dutch Style** para o novo edifício em Margaret River.

Com seus jardins murados e que, segundo ele, complementam a vegetação nativa australiana, o edifício totalmente branco honra a conexão existente entre os vinhedos plantados no oeste australiano, em 1829, provenientes de uma das mais famosas vinícolas da África do Sul, a Groot Constantia.

Em fevereiro de 2018, a vinícola anunciou a conversão da plantação para orgânica em 40 hectares da vinícola e a conversão total em até três anos. A certificação pela Australian Certified Organic deverá ocorrer até 2023.

A grande casa branca da fazenda contém o complexo The Cellar Door, que consiste de um wine room, um grande salão na entrada e um restaurante, além de uma área de varanda com vista para o jardim de rosas e os vinhedos.

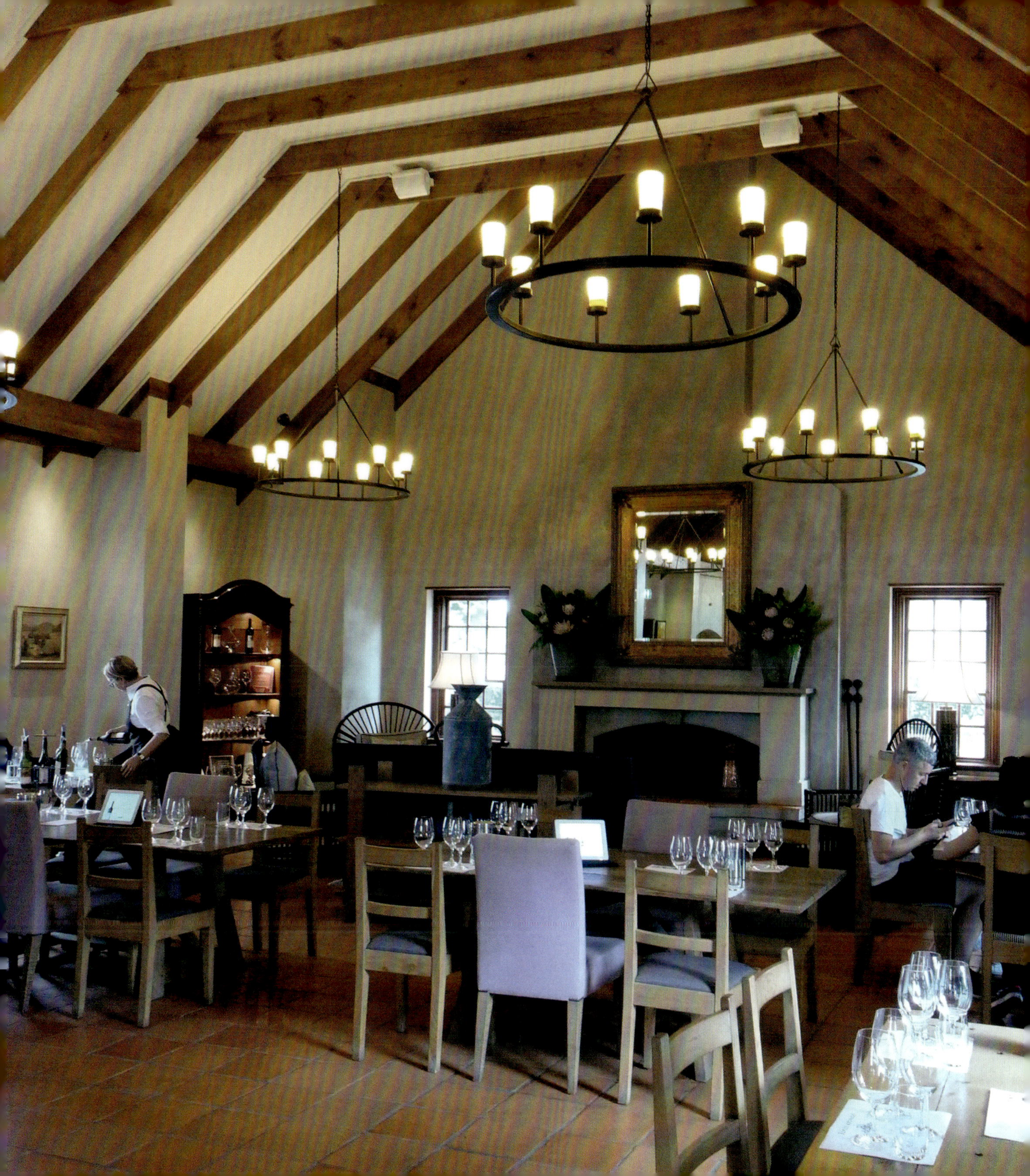

Receita Gelatina de Prosecco

INGREDIENTES

- 500 g de frutas vermelhas congeladas
- 4 folhas de gelatina (para 500 mℓ de líquido)
- 125 mℓ de cordial de Elderflower (flor de sabugueiro), Grand Manier ou outro licor à base de laranja ou limão
- 375 mℓ (½ garrafa) de Prosecco
- 5 ou 6 recipientes médios (iguais ou diferentes, como copos, taças, etc.)

PREPARO

- Distribua as frutas vermelhas entre os recipientes e leve à geladeira para que as frutas descongelem devagar.
- Coloque a gelatina de molho em água até amolecer. Esprema para tirar a água e coloque em uma panelinha.
- Adicione o cordial ou outro licor.
- Aqueça lentamente, mexendo sempre, até que a gelatina se dissolva por completo. Desligue o fogo e deixe esfriar.
- Quando a mistura com a gelatina estiver fria, adicione o Prosecco, mexa bem, distribua entre os recipientes e leve-os para gelar.
- Sirva depois de gelado e firme. Se quiser servir em um pratinho com algumas frutas extras, passe os recipientes rapidamente na água quente para ajudar a soltar as gelatinas.

Os ambientes internos também foram decorados seguindo o estilo sul-africano. O wine room tem um pé-direito bastante alto, e vigas aparentes de madeira destacam-se no contraste com o teto branco. O espaço total foi dividido em quatro ambientes somente por meio da disposição dos mobiliários, já que não existem paredes e o piso é único, todo em terracota, o que amplia bastante o espaço que se completa com as paredes claras.

A porta de entrada dá diretamente no grande balcão onde são feitas degustações mais rápidas, em pé mesmo. Um enorme lustre pendente, de ferro e com folhas de videira, é um foco de atenção que remete às uvas.

A iluminação de toda a área é feita por lustres mais simples, de ferro, pendentes e, podemos dizer, "abaixam" visualmente o pé-direito, trazendo mais aconchego para o salão.

No fundo, à direita do balcão, uma lareira decora o ambiente e atrai a atenção para as poltronas e o sofá, ambiente que pode ser usado para degustações ou simplesmente servir de local de espera para os clientes que aguardam entrar no restaurante. Algumas mesas e cadeiras estão à espera também de consumidores que desejam aprender mais sobre os vinhos produzidos na vinícola.

Do outro lado do balcão central encontram-se mais mesas, sempre em madeira, e algumas estantes com vinhos e outros itens à venda, além do acesso à sala de degustação privativa, onde uma experiência mais personalizada é oferecida.

O restaurante é comandado pelo *chef* espanhol Santi Fernandez, criador dos menus que acompanham a degustação, os quais são compostos ou por quatro, ou por sete pratos. Os menus mudam a cada oito ou dez semanas e são elaborados a partir de produtos sazonais e locais que harmonizam especialmente com os vinhos produzidos na vinícola.

- **Áustria**

A produção de vinho existe no país há mais de 4 mil anos, e as uvas são cultivadas basicamente em pequenas fazendas devido a limitações impostas pelo tipo de terreno. Assim sendo, a produção da maioria dos pequenos vinhedos acaba sendo comercializada na própria região.

Os austríacos gostam de consumir os vinhos quando ainda estão jovens, e não envelhecidos, e como quase a totalidade da produção é consumida no próprio país, o restante do mundo fica sem grandes possibilidades de provar o vinho austríaco se não visitarem a Áustria!

Embora Viena seja mais famosa por sua forte *"coffee culture"* (uma cafeteria em cada esquina!), a cidade e regiões como a de Wachau, patrimônio mundial da Unesco, por exemplo, são os melhores endereços para apreciar os vinhos austríacos.

Heurige é o nome dado, na Áustria, às "wine taverns" espalhadas por todo o país, e é o lugar onde austríacos e turistas se encontram para comer autêntica comida austríaca enquanto saboreiam os vinhos da casa. Parecido com um pub, esse espaço possui vários ambientes internos (para o inverno, espaços com lareira) e externos sob parreiras e com vista para os vinhedos.

Já os **Beisls** são os locais mais tradicionais de Viena. Nesse espaço, onde as mesas são compartilhadas, as pessoas vão para beber vinho e comer algo.

Em Viena, são inúmeros os wine bars, restaurantes gourmets e bares onde se pode facilmente provar um vinho que não se encontraria em outro lugar, já que os austríacos bebem somente vinhos nacionais, sendo que os raríssimos são exportados para o resto do mundo.

Um dos fortes exemplos da wine culture (modo de beber o vinho segundo a cultura) acontece do meio de setembro a meados de outubro, quando os austríacos consomem um "suco fresco de uva prensado e rapidamente fermentado" chamado **Sturm** e servido em canecas e não em cálices, fato que, às vezes, acaba por estimular ainda mais o consumo rápido da bebida. O Sturm não pode ser mantido em garrafas com rolhas, pois as rolhas explodiriam, dada a rápida fermentação desse vinho jovem.

Receita: Lagarto com beterraba, macadâmia e ameixa Davidson (9 pessoas)

Acompanhar com vinho Voyager Estate 2016 Project Rosé

Chef Santi Fernandez, da Voyager Estate, Austrália

INGREDIENTES

Carne

1 lagarto; 200 g de sal e 160 g de açúcar misturados; 8 unidades de zimbro; 1 colher de sopa de sementes de mostarda; 1 de coentro e 1 de cardamomo; ½ colher de sopa de pimenta-preta; 1 pau de canela e 1 anis estrelado

Beterraba

2 beterrabas vermelhas grandes; 1 ℓ de água; 10 g de sal; 20 ramos de tomilho; 4 folhas de louro; 1 pitada de pimenta-preta; 3,5 g de tanino de carvalho francês; 50 mℓ de vinagre de Cabernet Sauvignon ou balsâmico

Gel de ameixa Davidson

500 g de ameixa Davidson (ameixa australiana nativa com alto teor de vitamina C); 600 mℓ de água; 100 g de açúcar; 10 g de ágar-ágar

Purê de macadâmia

150 g de nozes de macadâmia; 2 dentes de alho pequenos; 1 pitada de sal; 100 g de água, 25 g de vinagre de xerez; 100 g de azeite; 20 g de pasta de missô branco

PREPARO

Carne

- Remova qualquer tendão ou excesso de gordura da carne, seque.
- Coloque os temperos em uma panela em fogo baixo, por 2 ou 3 minutos, até que estejam quentes e liberem aromas e óleos essenciais.
- Adicione o sal e o açúcar misturados aos temperos e cubra a carne. Ela deve ser completamente recoberta por essa combinação de temperos. Deixe marinar por 6 horas.
- Lave a carne, removendo o excesso de sal, e corte em fatias bem finas com uma faca afiada.

Dica: coloque a carne no congelador por algumas horas, até ficar firme, mas não completamente congelada, antes de cortá-la na espessura de carpaccio.

Beterraba

- Coloque todos os ingredientes em uma panela grande e cozinhe em fogo brando por cerca de 1 a 2 horas (ou até que você perfure a beterraba com uma faca e sinta o centro cozido uniformemente);
- Escorra e corte com um mandoline em fatias bem finas.

Gel de ameixa Davidson

- Retire as sementes das ameixas e coloque em uma panela com a água e o açúcar e cozinhe por 10 minutos.
- Misture com o processador de alimentos em alta velocidade por cerca de 2 minutos.
- Coloque de volta na panela com o ágar-ágar para ferver de 1 a 2 minutos.
- Deixe o purê esfriar na geladeira e misture novamente para formar um gel.

Purê de macadâmia

- Descasque o alho e ferva em água por 30 segundos.
- Junte todos os ingredientes no processador e misture na velocidade máxima, por 3 minutos. Mantenha o purê refrigerado.

MONTAGEM

Coloque em cada prato fatias de lagarto sobre uma colher de purê de macadâmia. Fatias de beterraba vêm depois, com algumas gotas do gel de ameixa sobre elas para decorar. Componha com algumas folhas frescas de beterraba e pulverize com o pó de beterraba. Se quiser decore com algumas macadâmias inteiras.

LIFE IS TOO SHORT TO DRINK BAD WINE

Forecast
90% Today
red or white wine

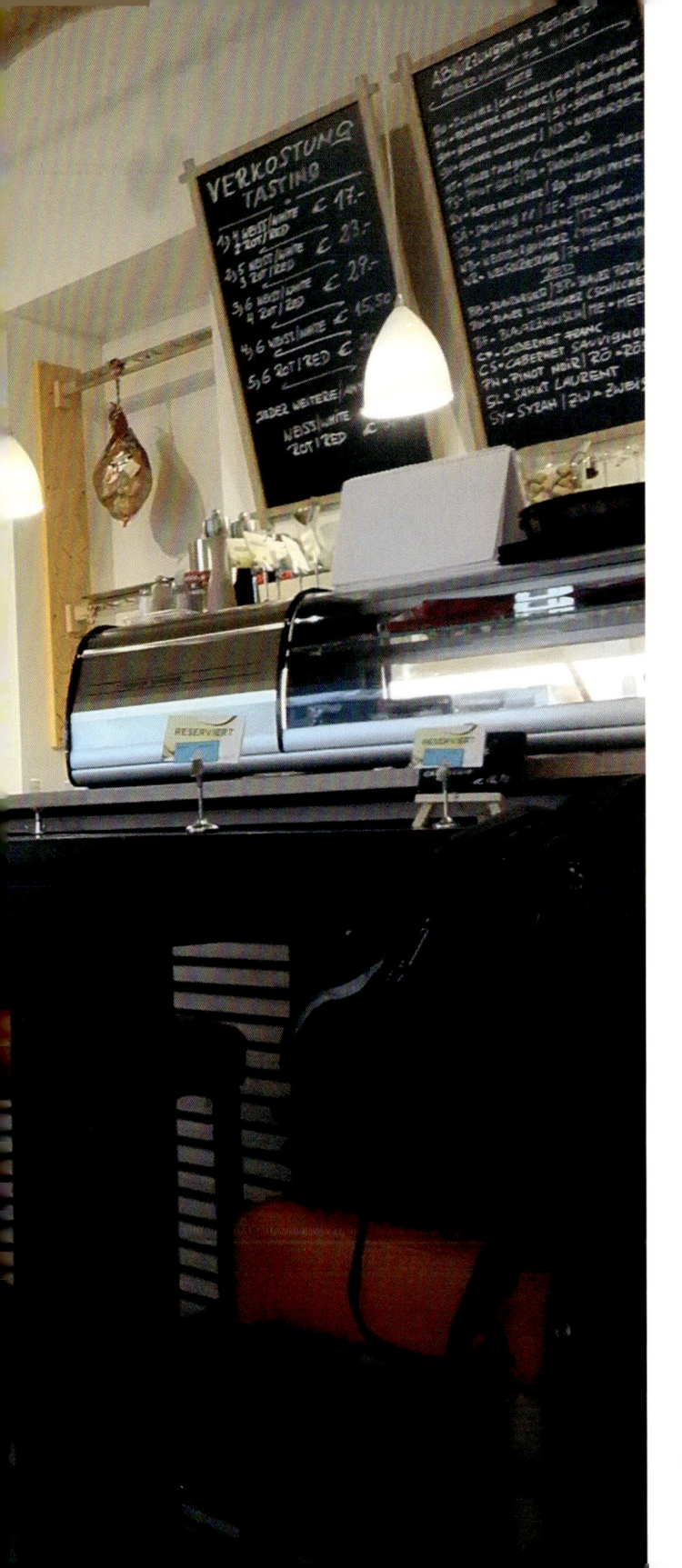

Assim sendo, esse período do ano é de muita festa, música folclórica, cantoria e dança pelas vinícolas nos arredores de Viena (regiões como Neustift, Nussdorf, Grinzing, por exemplo).

VINOTECH WINE BAR (Vinothek W-Einkehr) está localizado no centro da cidade de Viena. Chama a atenção pelo pequeno espaço de aproximadamente 50 metros quadrados que ocupa e que é composto por uma pequena cozinha (frios e petiscos), área do bar, área de estar (mesas) e duas prateleiras grandes em paredes opostas com várias opções de vinhos nacionais à venda em cálice ou garrafa.

Os consumidores podem escolher seu vinho, pedir sugestão ao proprietário ou ainda fazer wine tasting (degustação) e aprender um pouco mais sobre diferentes vinhos.

O projeto foi executado pelo proprietário, e com bastante sucesso, já que a casa está sempre lotada de jovens austríacos sozinhos, geralmente apoiados no balcão e conversando com o proprietário, ou em pequenos grupos de amigos. As mesas são apenas duas, sendo uma para quatro pessoas e a outra adaptada para oito, além do balcão com mais três bancos. As mesas e o balcão são altos, permitindo que mais pessoas possam compartilhar o espaço, bebendo e petiscando em pé ou apenas usando as mesas como apoio.

O teto abobadado em tijolo aparente traz aconchego e movimento à composição

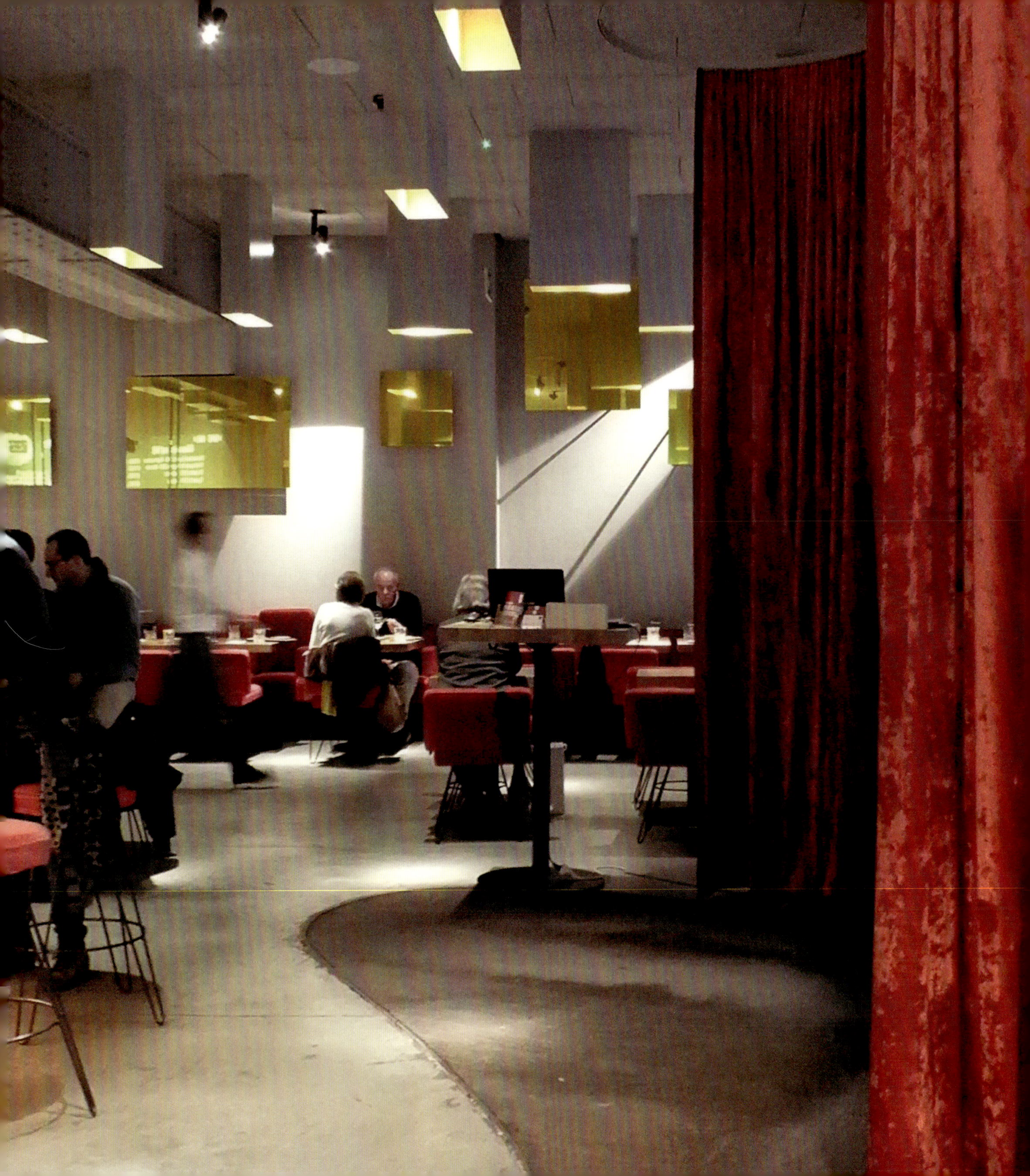

monocromática, que usa muitas linhas retas, madeira, couro sintético e metal.

Os quadros nas paredes ajudam a criar a atmosfera do bar.

A iluminação noturna, feita por lustres pendentes e spots direcionáveis, é bem mais intimista do que a diurna, proveniente de uma grande vidraça junto à mesa maior e que ajuda a ampliar o espaço, visualmente, quando ele está lotado.

WEIN & CO, em Viena, Áustria, é um wine bar e restaurante que, em seu subsolo, possui uma loja com uma variedade enorme, não somente de vinhos austríacos mas também de todo o mundo.

Seu design é bastante interessante, desde a escolha das cores e materiais até os pequenos detalhes.

Na entrada, uma enorme cortina vermelha de veludo, que serve para evitar o vento e o ar frio nos dias de inverno, cria uma atmosfera teatral, e seu trajeto ondulado é repetido na diferenciação de piso.

Linhas retas se misturam com linhas curvas, e superfícies opacas, com brilhantes.

A iluminação é diferenciada, já que parte dela é embutida em volumes retangulares que pendem do teto, enquanto outra parte é feita com spots direcionáveis, criando movimento e ajudando no rebaixamento visual do pé-direito bastante alto.

Alguns espelhos amarelos estão espalhados pelos ambientes, dando luminosidade às suas paredes.

O acesso à loja se dá na entrada do bar ou por uma escada espiral, também bastante suntuosa, localizada ao fundo, onde desce do teto uma grande pintura circular, na cor vinho, de Baco, que observa, com certo sorriso irônico, quem passa por perto ou se senta no balcão criado ao redor do vão da escada (ver "Baco, vinho e design", p. 155).

- **Brasil**

No nosso país, o vinho tem sotaque italiano e português de Portugal. Tem ligação forte com o sul do país e está no inconsciente coletivo por causa da presença de estrangeiros que trabalharam na terra em grandes fazendas.

A grande maioria do povo brasileiro é alegre, descontraída e adora se reunir com amigos para festejar (qualquer que seja o motivo), tocar, cantar ou mesmo bater papo no final do dia ou final de semana. Somos festeiros por natureza, embora a Organização Mundial da Saúde nos considere um povo que bebe demais.

Todos sabem que a bebida oficial para qualquer ocasião é a cerveja, e que o churrasco está sempre presente no cardápio brasileiro, sem falar na feijoada! Como beber vinho em um país quente? Segundo Luisa Valduga, da Vinícola Casa Valduga, produtora de vinhos em Bento Gonçalves, no Rio Grande do Sul, o vinho pode muito bem acompanhar um churrasco com amigos, basta que para essa ocasião se escolha um vinho tinto mais encorpado, que ajuda a "cortar" a gordura da picanha, da linguiça ou do cupim. Caso esteja quente, o vinho pode até ser resfriado, já que sua temperatura ideal de consumo fica entre 14 °C e 18 °C.

Já Ciro Lilla, especialista em vinho, avisa que vinho tinto combina com feijoada, o que não combina é vinho, feijoada e calor. A recomendação é que se coma e se beba com ar-condicionado!

Como em todo o mundo, o brasileiro também está sendo estimulado a beber e a aprender a saborear uma taça de vinho em vez de um copo de cerveja gelada. O paladar brasileiro é bastante doce, e essa característica tem mantido o consumo do país preferencialmente focado nos vinhos produzidos com uvas "não viníferas", ou seja, uvas de mesa que são utilizadas para a produção dos vinhos de "garrafão". Mas, como está acontecendo no mundo todo, pouco a pouco o país está entrando na nova corrente e sendo introduzido ao vinho mais sofisticado, mais fino.

Alguns autores mais sarcásticos dizem que no Brasil o vinho virou moda, e, dependendo de como essa moda for vendida para a população, uma maior quantidade de pessoas começará a tomar vinho. Um autor chegou a sugerir que a "novela das nove" comece a mostrar mais pessoas, de diferentes classes sociais, bebendo vinho em suas cenas, assim poderíamos ter uma expansão maior do consumo no país.

Em geral, idas a restaurantes, reuniões para um queijo e vinho, festas juninas, além de recepções e festas mais formais sempre foram as ocasiões escolhidas pelo brasileiro para consumir vinho. Descendentes mais diretos de europeus podem até ter esse hábito mais desenvolvido, tendo crescido com um copo de vinho no almoço ou no jantar, como acontece na terra materna.

Começam a surgir novas opções, como wine bars, degustações, festas de grupos de vinho e outros locais focados na divulgação de um novo modo de consumir a bebida que já foi considerada bastante cerimoniosa e restrita a ocasiões especiais.

Pelo país encontramos estabelecimentos com todos os tipos de design, dos mais sofisticados ao mais informais. Cada um deles especialmente projetado para um tipo de público diferente, com idade, ideais, poder aquisitivo e interesses característicos.

Os locais para a compra de vinho também se multiplicaram, e criações como a loja de vinho Mistral (arquitetura de Studio Arthur Casas), em São Paulo, juntam tecnologia, design e sofisticação ao ato de comprar uma garrafa de vinho, transformando a compra também em uma "experiência" que, nesse caso, infelizmente é restrita a uma classe social mais alta.

O **WINE BAR LEONARDO DA VINCI**, que ocupa a cantina dentro do restaurante italiano de mesmo nome, em Jericoaquara, no Ceará, é um exemplo muito bom de como utilizar o design mantendo as características locais, evitando a mesmice da globalização.

Ele possui uma atmosfera informal e brasileira, com elementos da nossa cultura, com jeito de praia e de férias.

Materiais locais como a palha, as peças de cerâmicas, os móveis de madeira e as mesas na areia com iluminação intimista compõem um ambiente ao mesmo tempo descontraído e acomchegante.

A adega foi feita com tijolos e madeira, seguindo o estilo da região. Tudo se encaixa, e o resultado é um local que o público jovem adora.

SABER LEVAR UM CONCEITO PARA UMA CULTURA É EXATAMENTE ASSIM: ADAPTAR O CONCEITO ÀS CARACTERÍSTICAS LOCAIS, COMO OS MATERIAIS, MODO DE UTILIZAÇÃO DOS ESPAÇOS, CARACTERÍSTICAS CLIMÁTICAS E EXPECTATIVAS DO PÚBLICO-ALVO.

- China

Não é de muito conhecimento que a China, onde a produção de vinho data de muitos anos atrás, vem se tornando um dos maiores mercados consumidores e produtores do mundo.

Já há alguns anos estão sendo construídas pelo país vinícolas enormes, com arquitetura pomposa e produção de vinho em larga escala.

Algumas delas chegam a ser consideradas pelos críticos como parte de um projeto que lembraria a Disneylândia norte-americana pela magnitude das vinícolas, pelos jogos interativos que oferecem internamente aos visitantes e pela quantidade de novos produtores e novas construções.

Uma população de jovens profissionais ricos, chineses, dos 20 aos 30 anos, que está aberta à influência do Ocidente e principalmente ao "consumo" de tudo que é de marca, independentemente de seu custo, busca o que represente uma vida de sucesso, com luxo e qualidade.

Essa categoria de chineses, que se diferencia da classe tradicional dos *connoisseurs*, que consomem vinhos franceses caros, está abraçando a nova tendência mundial da apreciação do vinho e está correndo em busca de informação em cursos, degustações e tudo mais que esteja relacionado à bebida. Essa nova corrente de consumidores prefere vinhos que sejam mais acessíveis financeiramente e aprecia vinhos mais jovens, como os produzidos na Austrália, ou ainda vinhos chilenos e espanhóis.

PARA OS JOVENS PROFISSIONAIS CHINESES, CONHECER E BEBER VINHO PASSOU A SER "PARTE DO CURRÍCULO" E UMA NOVA FORMA DE "AGRUPAMENTO" SOCIAL DE QUEM BUSCA *STATUS* E QUER PERTENCER AO GRUPO DE PROFISSIONAIS SOFISTICADOS E BEM-SUCEDIDOS.

BUONA BOCCA, em Pequim, é um wine bar criado pelo Studio Ramoprimo (arquitetos Stefano Avesani e Marcella Campa) para um

BUONA
BOCCA

SALAD   COLD CUTS
- CHEESE 75 RMB   火腿拼盘
 芝士瓜子芽   S   88 RMB
- TROPICALE 88RMB   L   188 RMB
 菠萝我爱你野梨沙拉
     CHEESE PLATE
COCKTAIL   芝士拼盘
- SPRITZ 50RMB   98 RMB
- NEGRONI 55RMB
     MIXED PLATE
- NEGRONI   混搭
 SBAGLIATO 55RMB   188 RMB
- BUONA BOCCA 55RMB

casal ítalo-chinês. O design permite que o espaço seja utilizado de manhã, para o café; de tarde, para o almoço, em uma atmosfera aconchegante; e, no final do dia e à noite, é utilizado como wine bar.

A atmosfera é vibrante, com o amarelo do piso resinado como cor referência no design, compondo com o cinza do concreto, o branco e o preto. A concepção pop brinca com o natural da madeira, das mesas e do balcão.

O projeto de *lighting design* permite que, durante o dia, a luminária especialmente criada para o bar acrescente ao design sua forma e seus detalhes; já à noite, cria uma atmosfera mais intimista, com luzes tipo "estrelas no céu".

Uma das características mais marcantes são os tijolos de concreto, que fazem uma releitura dos tijolos que são utilizados nas construções de Pequim, criando uma textura e uma padronagem bastante interessantes, não só nas paredes como também no suporte que foi concebido para expor os vinhos.

A boca do nome foi utilizada como padronagem em um papel de arroz que cobre algumas paredes, repetindo o amarelo do piso.

Esse wine bar tem um design bastante criativo e personalizado, pois os tijolos, que foram pintados à mão, assim como o quadro na parede oposta aos tijolos, são criações dos arquitetos, e as sinalizações pelo bar também são personalizadas.

- **Espanha**

Tanto na Espanha como na Itália se consome o vinho pelo vinho, pois desde criança a população está envolvida com a bebida, vendida a granel e consumida diretamente de garrafões. Eles adoram seus vinhos!

A Espanha apresenta a maior área plantada com vinhas no mundo! Produz vinhos consagrados e vem construindo vinícolas importantes, do ponto de vista arquitetônico, além de preservar as pequenas vinícolas artesanais. Entretanto, os espanhóis não têm muito interesse em pesquisar e provar novos vinhos.

A curiosidade em pesquisar ou a intenção de renovar, no que se refere à bebida, parecem não fazer muito sentido para eles. Ali se escolhe o que se vai comer e depois se pensa no vinho, ao contrário dos novos países produtores, onde se escolhe "qual" o vinho e depois "qual" a comida que vai bem com ele.

Beber vinho para os espanhóis é natural, fácil e sem complicações. Os espanhóis bebem muito nos finais de semana, quando a população mais jovem opta pelo *binge drinking* (beber até cair), escolhendo bebidas com maior teor alcoólico para chegar mais rápido à "bebedeira". Nesse caso entra o consumo de cerveja também, muito apreciada pelos espanhóis.

É muito comum ver grupos de pessoas bebendo em pé, na frente de um bar, ou simplesmente um grupo bebendo de suas próprias garrafas trazidas de casa.

A informalidade também se reflete nos wine bars espalhados pelo país, que são de certa forma simples, "fáceis" de entender e realmente informais, já que os espanhóis são bastante festeiros.

WINE INDUSTRY VINOTECA Y PICOTEO, em Palma de Mallorca, Espanha, tem uma atmosfera agradável, clean e aconchegante. O pano de fundo em cores claras e tons pastéis, tanto das paredes como do piso, amplia o espaço, deixando lugar para detalhes que não poluem a composição.

VIDES
125 UVAS ESPAÑOLES
SPANISH WINES
62 UVAS
GRAPES
72
PUNTUADOS EN LA "GUIA VICENTIN" CON 95-100 PUNTOS
AGNVS
ABADIA RETUERTA
I improve with Wine!

Um dos centros de interesse do projeto são os pilares recobertos por rótulos de vinhos, em cores também claras. Outro ponto de interesse são as luminárias "tipo industrial", que chamam a atenção pela cor e dimensão. Como são pendentes, ajudam a rebaixar visualmente o pé-direito do ambiente, acrescentando aconchego.

O balcão de madeira recoberto com as madeiras das caixas de vinho contrasta com a leveza dos bancos de metal.

As opções para se sentar são várias, com mesas que podem ser agregadas de várias formas, dependendo do número de pessoas, e há três tipos de balcões.

A dimensão das mesas não é grande, o que não importa muito, já que, basicamente, servem vinho e petiscos para beliscar e compartilhar (*picoteo*). O projeto teve como designer Lara Corfield e foi realizado por Ivan Gonzalez Gainza, Borja Mendez e Lara Corfield. A foto é de Ivan Gonzalez Gainza.

A **VINOTECA VIDES**, em Madri, oferece mais de 125 tipos de vinhos espanhóis, e todos estão em exibição nas prateleiras criadas com caixas de vinho.

Com um design simples, mas bastante eficaz, sua atmosfera é aconchegante, acolhedora e até mesmo um pouco "caótica", aproximando, de certa forma, os frequentadores.

Com a preocupação de informar seu público, o proprietário, sempre presente, marca em um mapa exatamente o local de produção de cada vinho espanhol oferecido pela casa, separando-os por cores, em grupos, segundo suas tipologias.

Receita Sangria de Moscatel e melão (6 pessoas)

INGREDIENTES

- 150 ml de vinho Moscatel
- 800 g de melão branco
- Sementes de erva-doce, folhas de hortelã
- 400 ml de água e gelo picado ou em cubos
- Bagos de romã para decorar

PREPARO

- Descasque e corte o melão em pequenos cubos e coloque-o na jarra para servir.
- Acrescente a água, o moscatel, os bagos de romã, as sementes de erva-doce e as folhas de hortelã.
- Junte o gelo, mexa para gelar e sirva a seguir.

De fácil acesso, os curiosos podem se informar e conhecer a produção de diferentes partes do país.

Há muita madeira e detalhes em vermelho nas paredes. As mesas altas, com bancos, possibilitam que mais pessoas, em pé, se juntem aos grupos já sentados às mesas.

O balcão, com bancos de madeira altos e suportes individuais para bolsas, é sempre uma opção interessante para esses ambientes, já que muitas pessoas frequentam sozinhas esses espaços. E sentar-se ao balcão e bater papo com o "tabernero", como se define o proprietário Vicente, é sempre uma boa ideia!

- **EUA**

Os americanos também estão bebendo mais vinho, como o restante do mundo, e fazem parte do mercado que se abriu para as vinícolas tradicionais ou mais recentes. Esses consumidores não seriam experts ou *connoisseurs*, mas sim pessoas interessadas em experimentar e aprender mais sobre o assunto, acabando por consumir mais os vinhos novos, diferentes.[1]

No país, consumista como o Brasil, a televisão e o computador são grandes instrumentos de marketing. Os produtos, ao serem inseridos em filmes, séries e novelas, passam automaticamente a ser "bons itens a serem consumidos", ganhando, assim, destaque e ampliação de público consumidor. Um dos tipos de marketing mais eficientes, conhecido como "subliminar", é aquele que coloca um produto para ser consumido por um ou mais personagens de importância na trama. A série norte-americana *The Good Wife*, por exemplo, coloca o vinho como a bebida preferida da protagonista, que a consome em uma elegante taça, o que torna o ato de beber vinho sofisticado.

Outra questão cultural que favorece o consumo do vinho é o fato de que os norte-americanos gostam de jantar fora, apreciam uma boa *"cuisine"* e gostam de associar um bom vinho a um bom prato.

A área de degustação da **BRECON WINERY**, na Califórnia, foi reorganizada pela Aidlin Darling Design durante a construção de um novo prédio para a vinícola, com a proposta de integrar os visitantes com o espaço ao seu redor, ou seja, à paisagem e aos vinhedos.

O espaço destinado à degustação tem um ponto de atração bastante forte, que é uma antiga árvore, um carvalho, abraçada pelo deque de madeira, de onde a vista se perde nos vinhedos (ver foto p. 210).

---

[1] SCOTT, M. How the wine label became an art form. **Post Magazine**, 24 ago. 2016. Disponível em: <https://www.scmp.com/magazines/post-magazine/long-reads/article/2008332/how-wine-label-became-art-form>. Acesso em: 29 abr. 2018.

PLANTA
BRECON WINERY

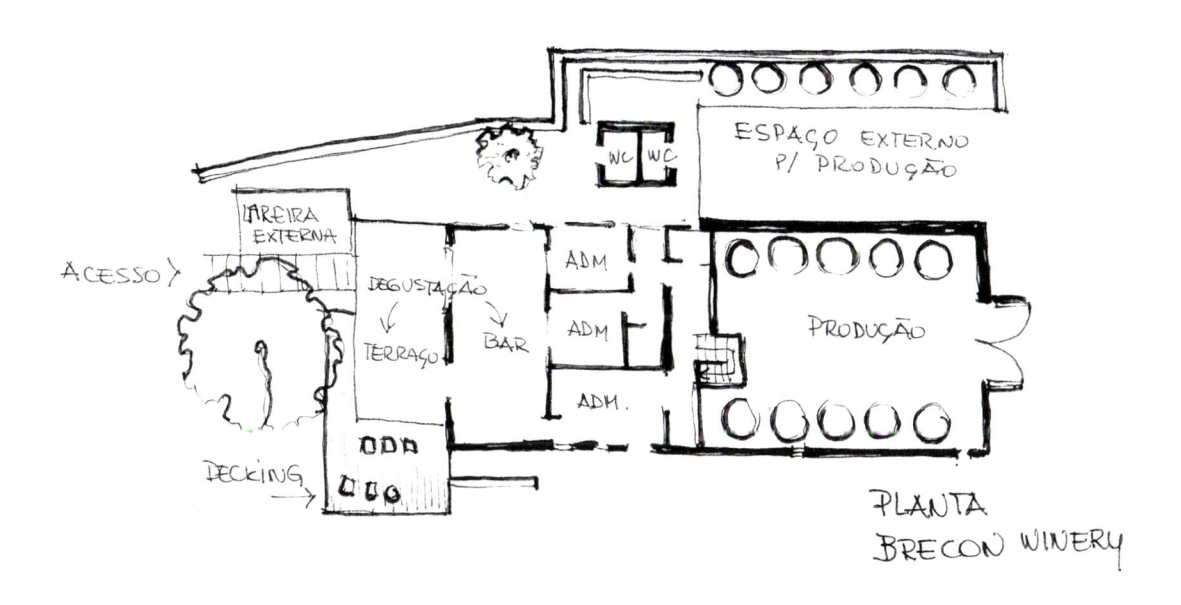

O acesso à área interna pelo deque leva a uma sala onde se pode degustar uma taça de vinho e estar em contato com o exterior através da janela, ou com o interior da produção através de uma abertura interna. Acromática, simples e bastante sofisticada, acolhe sem muita formalidade.

Há também um balcão com um bar que faz a ligação estrutural dos espaços internos com os externos. Várias áreas externas estão disponíveis para os visitantes, existindo até mesmo uma área em que se pode acender uma fogueira durante os dias mais frios.

SAUSALITO TASTING SALON AND GALLERY, da vinícola Madrigal Family Winery, está, como o nome diz, localizada na cidade de Sausalito, ao norte de São Francisco, na Califórnia.

Conhecida como a cidade das artes e das galerias, e com uma vista maravilhosa, não poderia deixar de ter um espaço que associasse o prazer de degustar o vinho produzido pela vinícola da família ao de apreciar obras de arte em exposições, lançamentos e atividades correlatas.

Instalada em um local com arquitetura interna bastante interessante, é composta por diferentes espaços "coligados", alguns com pé-direito alto e outros mais acolhedores. As mesas para os convidados são feitas por antigos barris da vinícola, e um painel ao fundo do balcão do bar mostra fotos da plantação e da adega com os barris.

UNIR A DEGUSTAÇÃO DE UM BOM VINHO COM A APRECIAÇÃO DE OBRAS DE ARTE É UMA PERFEITA HARMONIZAÇÃO, JÁ QUE AMBOS DEVEM ACONTECER SEM PRESSA.

- Itália

Vinho, comida e Itália ou Itália, comida e vinho? Não é possível desvincular esses três itens! Uma vez no país, comer bem e beber vinho é algo que não se pode evitar. Na Itália isso é fundamental.

O vinho está presente na vida dos italianos desde a infância, e, portanto, a maioria deles bebe vinho porque gosta da bebida. Diariamente sobre a mesa encontramos vinho feito pelo anfitrião, comprado a granel no supermercado ou ainda na cooperativa perto de casa. A garrafa comprada em uma enoteca, após uma degustação, seria para ocasiões especiais importantes, como aniversários, Natal, Páscoa, etc. Festas com muitos amigos geralmente pedem a versão galão! Em restaurantes é normal pedir o "vinho da casa", que poderá ser servido em copo, ¼, meia garrafa ou garrafa inteira – é mais barato e o vinho é italiano!

Os italianos bebem muita cerveja também, mas o vinho nunca falta! O vinho a granel é bastante comum, e cada um leva seu próprio recipiente para encher com seu vinho preferido, podendo também comprar na hora uma garrafa, um galão ou mesmo um garrafão. Esse tipo de comércio está se sofisticando, já que algumas *botegas* (lojas) começam a fazer a venda a granel de vinhos mais conceituados, buscando alcançar o público mais gourmet.

A grande maioria da antiga geração não sabe o que é degustar ou fazer "*pairing*", buscando um determinado tipo de alimentação que combine com o vinho escolhido. Esse comportamento é atribuído aos mais jovens,

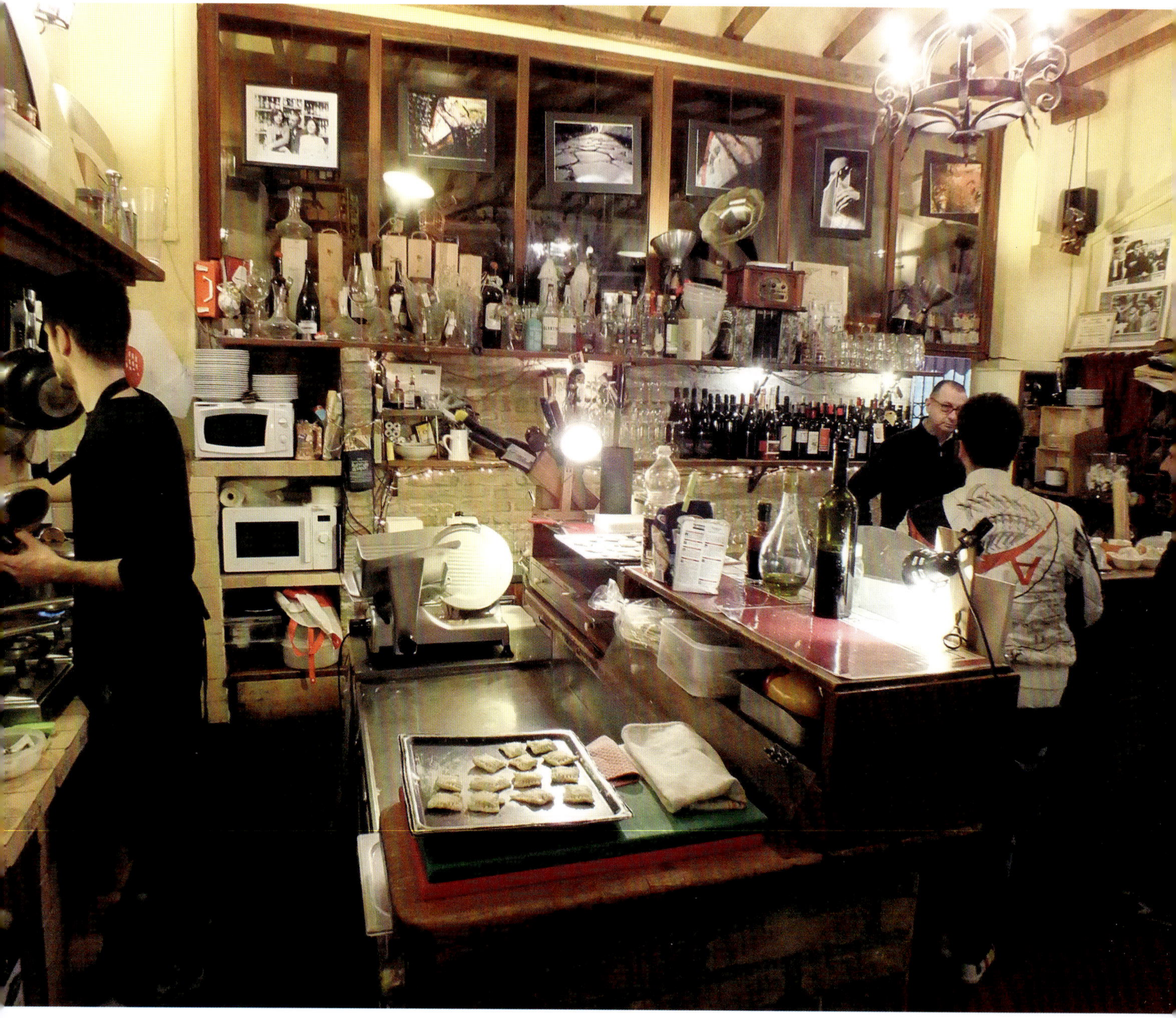

que seguem a moda que está tomando conta do mundo.

A degustação mais com o *pairing* acontece em restaurantes, bares ou qualquer outro estabelecimento que busque aumentar seu público; e os mais jovens, buscando aprimorar seu conhecimento da bebida mais conhecida do país, frequentam esses locais com entusiasmo.

A enoteca **AL BRINDISI**, em Ferrara, na Itália, existia já no século XV com o nome de **Hostaria del Chiuchiolino** ("ciuc", em dialeto ferrarese, quer dizer bêbado).

Considerada a mais antiga osteria pelo livro de recordes *Guinness* de 2002, tem seus primeiros registros datando de 1435, quando já era famosa.

Na sobreloja teria habitado, enquanto frequentava a universidade de Ferrara, o polonês Nicolau Copérnico (1473 -1534), que provou matematicamente que o Sol é o centro do sistema solar.

Passaram pela enoteca, entre tantas outras pessoas famosas, o Papa João Paulo II, Karol Wojtyla, em 1973, para visitar o local onde teria morado Copérnico na ocasião do quinto centenário de seu nascimento.

Quando se entra na enoteca, a atmosfera "toma conta", e parece que, de certa forma, voltamos no tempo. Nada de sofisticação, estilo minimalista ou exaltação à degustação de vinho! Ali se bebe, informal e relaxadamente, simplesmente porque se gosta de vinho e pronto!

Toda em madeira e piso de cerâmica vermelha, o local possui um adorável clima espacial de "confusão". Mas tudo se resolve quando entendemos como funcionam os espaços.

A área total não é grande, mas é muito bem setorizada. Na entrada se bebe em pé, no balcão, e se conversa com amigos (ou não!). A cozinha se mistura com a entrada, já que o balcão de tijolinho aparente é o mesmo. Inúmeras garrafas de vinho – algumas tão antigas que não podem mais ser consumidas –, se misturam a muitos objetos musicais antigos, que estão por todos os lados.

Atrás das garrafas de vinho, separadas por países, estão as seis mesas para quem procura algo mais para um restaurante. Paredes de madeira, garrafas, objetos, quadros.... Há um pouco de tudo ali.

PROCURAMOS MANTER O ESPÍRITO DE UM LUGAR ONDE "AS MODAS" FIQUEM DO LADO DE FORA. (FRASE EM UM CARTAZ DA ENOTECA, ESCRITA PELO PROPRIETÁRIO FEDERICO PELLEGRINI)

Receita: Mousse di Chardonnay Trentino

(Cucina Trentina, Terra Frema, Casa Editrice Panorama)

INGREDIENTES

2,5 dℓ de Chardonnay Trentino; 4 gemas; 200 g de açúcar; casca de 1 limão siciliano ralada; suco filtrado de 1 limão e de ½ laranja; 4 folhas de gelatina grande; 2,5 dℓ de creme de leite fresco batido até ficar bem firme; biscoitinhos de amêndoa (*amaretti*) para decorar; e 4 recipientes individuais (taças, copos, vidros, etc.) para servir.

PREPARO

- Bata as gemas com o açúcar até formar um creme espumoso. Acrescente o vinho, a casca e o suco do limão e o suco da laranja e mexa bem até obter uma mistura homogênea.
- Coloque a gelatina em água fria por 15 minutos para amolecer.
- Coloque a mistura com o vinho em uma panela e cozinhe em banho-maria por 15 minutos, mexendo com um batedor para encorpá-la
- Tire a panela do fogo. Esprema a gelatina para tirar a água e acrescente à mistura, mexendo até que ela se dissolva completamente. Deixe esfriar, mexendo de vez em quando.
- Assim que a mistura começar a endurecer, acrescente o creme de leite batido, mexendo delicadamente de baixo para cima, para evitar que a mistura desande.
- Distribua a mousse nos recipientes individuais e leve à geladeira por pelo menos 2 horas.
- Se quiser, decore os recipientes com biscoitinhos de amêndoa (*amaretti*) na hora de servir.

Outra área charmosa é reservada para pequenos grupos que querem somente saborear um bom vinho e petiscar enquanto discutem questões profissionais. Esse espaço está rodeado por uma adega em "U", repleta de vinhos, de mais quadros e de instrumentos musicais.

Escadas dão acesso a um mezanino também repleto de caixas de vinho e mais instrumentos musicais que fazem acreditar que o que acontece ali vai além do que a vista alcança. Uma forma bastante diferenciada de visitar o mundo onde se bebe o vinho!

- **Portugal**

Os portugueses já nascem com o vinho nas mãos. Para eles não se trata de sofisticação ou ocasião especial; é questão de cultura e tradição.

As cidades mais turísticas apresentam soluções mais requintadas e diferenciadas de design em seus bares, já que devem atrair os turistas e estimular o consumo. Se sairmos dessa área e formos para uma cidade menor ou mesmo bairros mais afastados dos centros turísticos, veremos que o vinho é consumido como o português está acostumado. Restaurantes e bares vendem no almoço ou jantar vinho da casa, em jarras de ¼, ½ ou 1 garrafa. Esses vinhos são degustados sem questionamentos, porque são bons, são portugueses!

Geralmente esses locais são simples, informais e acolhedores. As pessoas que os frequentam conhecem o dono, o garçom. São terceiros lugares de muita gente.

A faixa mais jovem da população já busca locais um pouco mais diferenciados, com um design mais jovem e da moda. Para esse público existem wine bars e restaurantes que atraem seus consumidores, mas são mais propício para finais de semana, férias ou alguma ocasião especial. O país em crise, ou melhor, saindo da crise, ainda procura seu caminho de desenvolvimento econômico.

BY THE WINE é um wine bar projetado pelo arquiteto Tiago Silva Dias, em Lisboa, na parte mais *"trendy"* da cidade, ou seja, na parte alta, em Chiado. Com um design muito interessante, desperta os sentidos já na entrada, com um fantástico túnel verde, criado por inúmeras garrafas vazias de vinho. Sob o teto abobadado está o primeiro ambiente, com um enorme balcão, que proporciona ainda mais profundidade à composição. As mesas pretas parecem "sumir" no encosto também preto, deixando visível quase que somente o imenso túnel. Esse primeiro ambiente é ideal para relaxar em um final de expediente ou de um dia de compras nas lojas e locais sofisticados de Chiado.

Receita: Peras com vinho do Porto

INGREDIENTES

- 8 peras maduras, raspas de um limão e 4 colheres (sopa) de açúcar mascavo
- 100 mℓ de vinho do Porto
- Biscoitos amanteigados para servir

PREPARO

- Coloque as peras, em pé, em um pirex com tampa. Regue com o vinho do Porto e polvilhe com as raspas de limão e com o açúcar. Tampe o pirex e leve ao micro-ondas, assando na temperatura máxima por 4 minutos.
- Destampe o pirex e regue as peras com o suco formado no fundo do pirex. Tampe e leve ao micro-ondas por mais 4 minutos na temperatura máxima.
- Sirva as peras quentes ou frias com biscoitos amanteigados

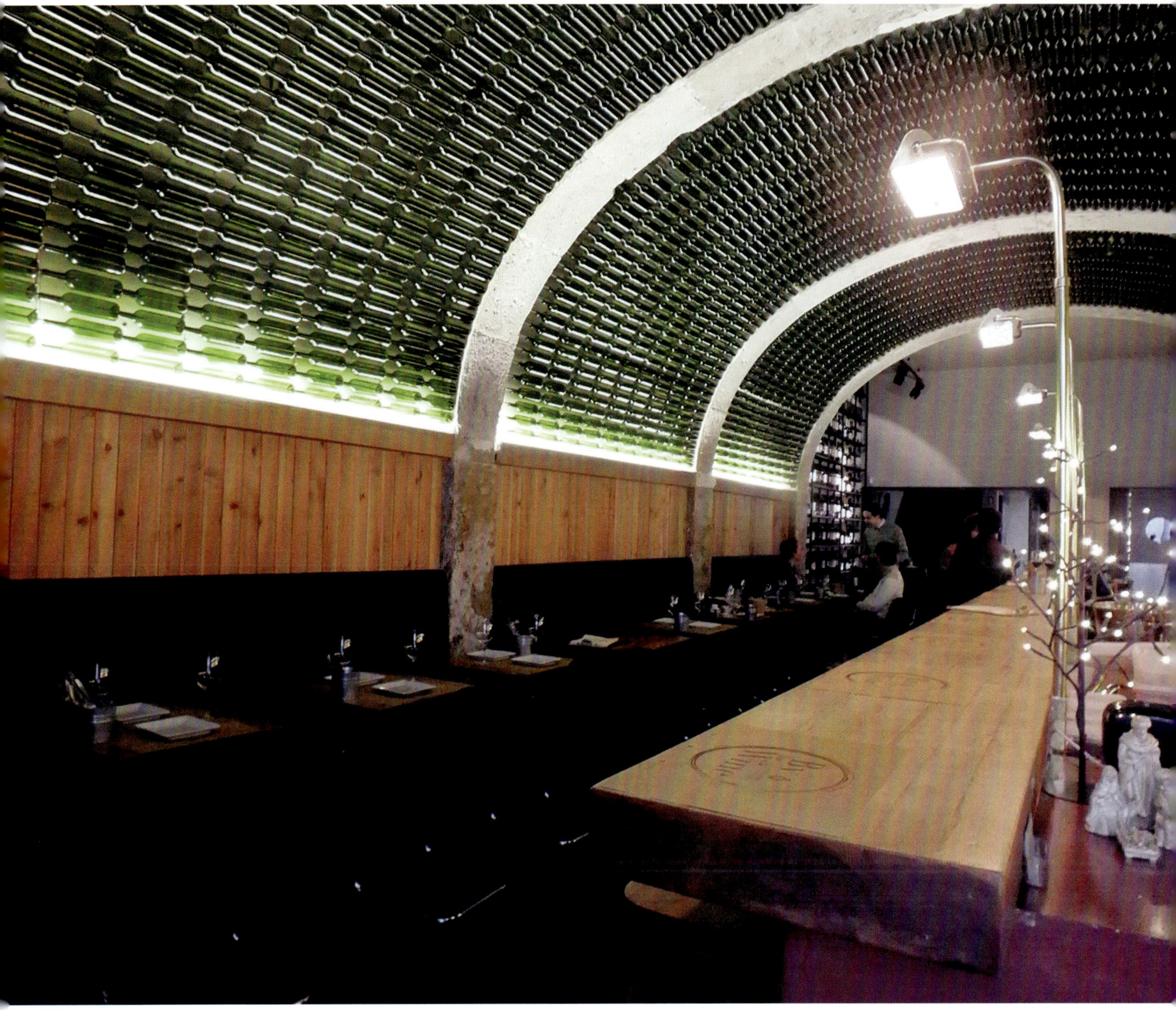

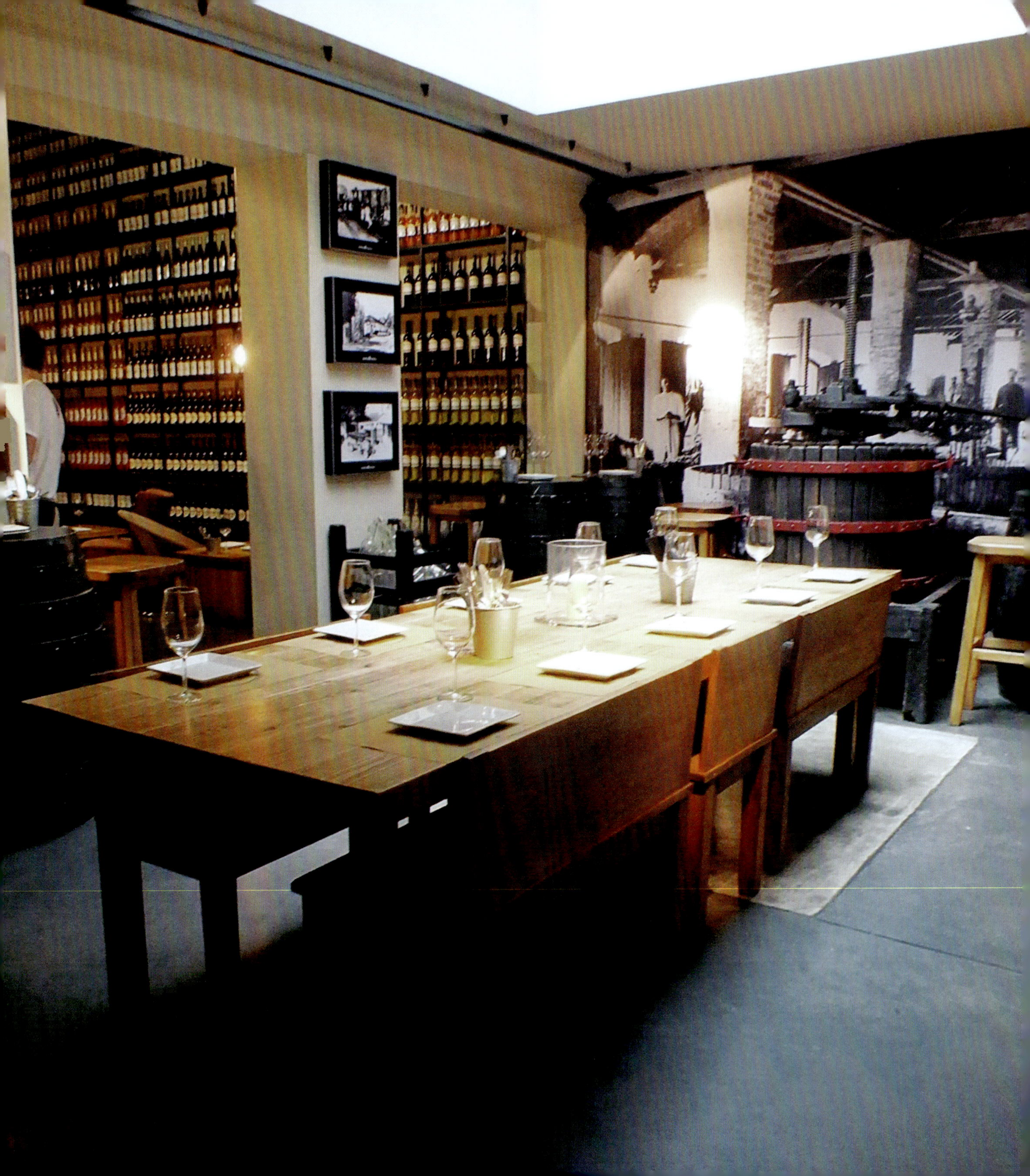

Esse bar é a primeira *"flagship store"*, ou seja, loja que leva a bandeira ou que vende a marca do famoso vinicultor português Jose Maria da Fonseca, produtor de vinho desde 1834.

Passando sob o túnel, tem-se acesso a vários outros ambientes com diferentes propostas de agregação. O primeiro deles é uma sala com uma mesa grande, para confraternizar com amigos ou parceiros de trabalho, com peças antigas da vinícola, fotos e algumas mesas mais informais, compostas por antigos tonéis de vinho. O charme desse ambiente está no painel fotográfico no fundo da sala, mostrando uma cena antiga de trabalhadores na vinícola.

Vale mencionar também uma outra sala, bem maior, composta por mesas e poltronas, em uma proposta mais aconchegante e confortável. Uma parede toda é preenchida com garrafas da vinícola, mas são os vários barris de vinho empilhados que dão o tom de uma adega antiga.

Essa mistura de acabamentos desenvolvida de maneira muito eficaz e ambientes que remetem aos diferentes tipos de vinho produzidos pela empresa propiciam uma verdadeira viagem do novo e tecnológico ao antigo e tradicional.

- **República de San Marino**

A pequena República de San Marino, que data de 301 d.C., está localizada sobre o monte Titano, espalhando-se pelas suas encostas e envolto pela Itália. Um pequeno país dentro de outro, que teria começado seu relacionamento com o vinho por volta de 400 a 700 d.C. As videiras passaram a ser protegidas contra danos por volta do século XIV. No século XIX foram instaladas caves e cavernas pela montanha, onde os vinhos amadureciam. Nessa época os turistas que iam a San Marino, de carroça ou a cavalo, passavam pelas cavernas onde descansavam e saboreavam o vinho local.

Além do vinho Sangiovese, o Moscato Sammarinese é outra produção local importante.

Em 2017, dois vinhos produzidos pelo Consórcio de Vinho Típico de San Marino triunfaram no concurso de vinhos de Bruxelas, onde foram submetidos 9.080 vinhos, ganhando medalha de prata o Tessano Reserva 2012 e o Roncale de 2015.

É nesse país de arquitetura interessantíssima, com suas três torres visíveis há muitos quilômetros de distância, o centro histórico todo murado e as ruas estreitas em constante "subida" até a última torre, que se encontra um wine bar bastante diferente em sua proposta.

TREESESSANTA é uma mistura de livraria, loja de discos, CDs e DVDs de segunda mão e wine bar com uma atmosfera de "casa", onde as pessoas se sentem muito confortáveis, livres para se mover pelos espaços sem nenhum constrangimento.

Fornecidos pelos donos do local, livros, LPs, CDs e DVDs usados estão dispostos em prateleiras ao alcance das mãos para serem lidos, ouvidos, vistos e até mesmo comprados. Os frquentadores podem levar seus livros ou discos para trocar, realizar eventos ou ir até lá para estudar ou trabalhar, utilizando o wi-fi oferecido.

Um proprietário e sommelier e o outro dono de uma livraria fizeram desse local um terceiro lugar muito acolhedor, onde o design não oprime, pelo contrário, oferece uma atmosfera tranquila e caseira, ideal para ficar sozinho ou com amigos.

141

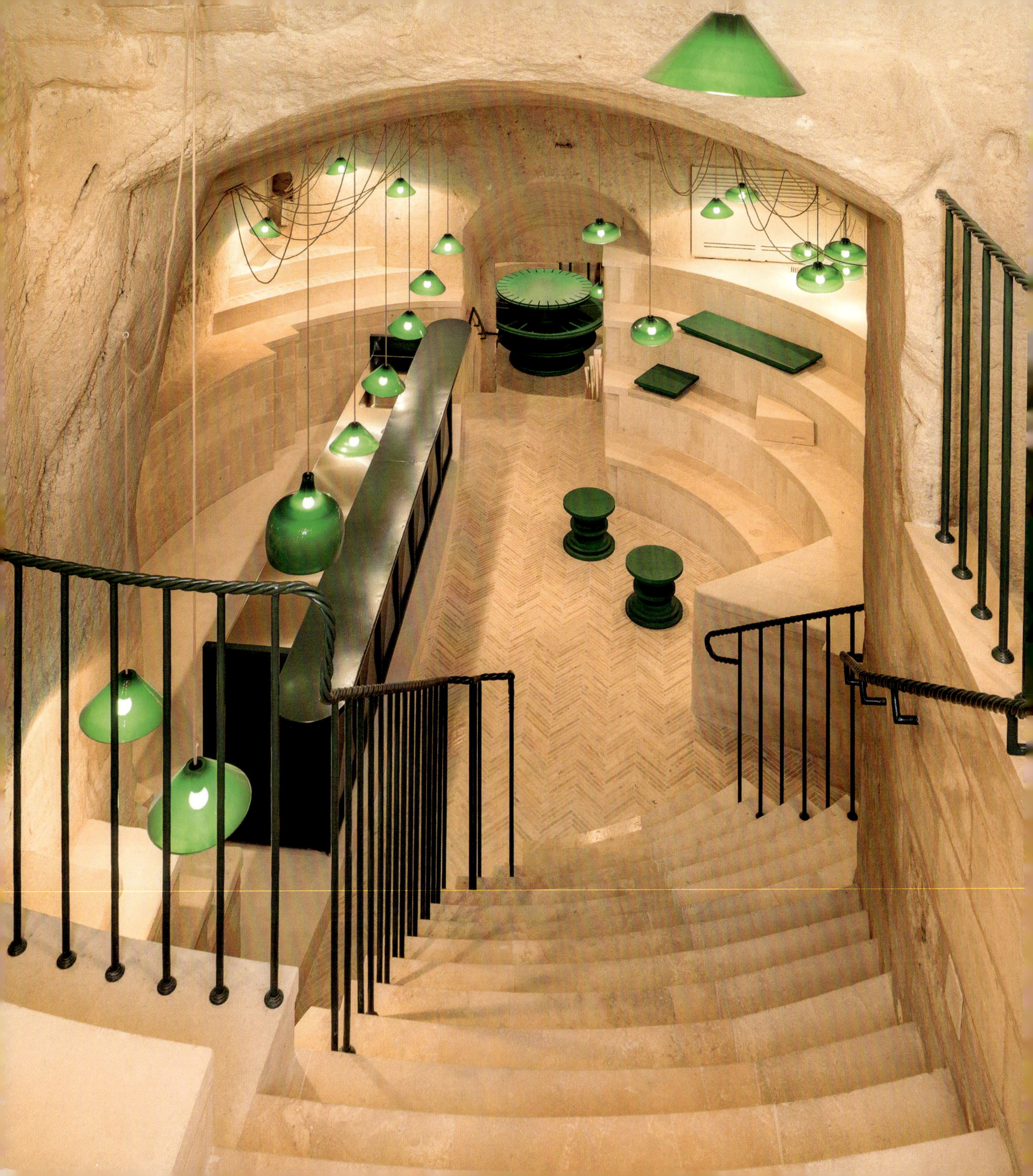

10. Histórias e espaços com histórias

A **ENOTECA DAI TOSI** nasceu de um concurso realizado por Gian Paolo Buziol, com curadoria do estúdio italiano PS. Os vencedores foram os arquitetos do estúdio belga Vylder Vink Tallieu, que criaram uma incrível enoteca para Matera, uma cidade pré-histórica na região de Basilicata, na Itália, que serviu como cenário para inúmeros filmes, entre eles o famoso *Paixão de Cristo*, de Mel Gibson, de 2004.

A cidade de Matera é extraordinária! Dividida basicamente em duas partes, incorpora a cidade baixa e alta, ambas na borda de um desfiladeiro rochoso.

A cidade baixa é composta por cavernas escavadas na pedra, conhecidas como *"sassi"* (pedras em italiano), e que formam labirintos, pois foram escavadas umas sobre as outras sem nenhum critério. Durante os séculos VIII e XIII, monges teriam se refugiado ali, o que explica as 150 igrejas rupestres que existem dentro dessas cavernas. Nesses *"sassi"* as pessoas viviam com seus animais e em condições bastante precárias.

Anos depois, no século XVII, a cidade alta começava a criar formas, com uma configuração bem melhor, com casas, mansões, monastérios, etc., e, principalmente, com água. Quanto mais a cidade alta se desenvolvia, mais a baixa se degradava, acabando por se tornar uma cidade fantasma até 1980, quando surgiram estratégias para recuperar a cidade histórica que se tornou, em 1993, Patrimônio da Humanidade pela Unesco.

A Enoteca Dai Tosi, dentro de um *"sasso"* (caverna), segue os três níveis existentes no relevo, criando uma "viagem" por dentro da caverna, e procurou também manter uma relação direta com a cidade e sua forma construtiva através da linguagem, dos materiais e das cores utilizadas localmente. A pedra, as telhas de terracota, o verde das portas e o bege das paredes, além da escada de pedra e do corrimão torcido, são facilmente vistos pela cidade.

O projeto de iluminação ganhou lustres em vidro verde soprado, espalhados pelos ambientes e que fazem referência aos cálices de vinho.

A adega, ou cantina, é dividida ao meio por uma parede de vidro transparente que permite ver as garrafas dispostas sobre a escadaria de pedra, que recebeu um recorte especial para acomodá-las.

***

O **Caminho de Santiago** é o trajeto que anualmente é feito por milhares de peregrinos que buscam chegar a Santiago de Compostela, na Espanha. A pé ou de bicicleta e dormindo em acomodações especiais para os peregrinos, o objetivo é chegar à catedral onde estariam os restos mortais de São Tiago, apóstolo de Jesus.

As opções de rotas são quatro: o caminho **Francês**, mais conhecido e mais famoso; o caminho **Primitivo** ou **Original**, que começa em Orviedo, na Espanha; o caminho **do Norte**, iniciando em San Sebastian, no norte da Espanha; e o caminho **Português**, saindo da catedral de Lisboa ou da catedral de Porto.

Foi nesse caminho português, após atravessar a ponte que liga Portugal à Espanha, que encontramos a cidade espanhola de Tui, onde podem ser vistas as marcas da Concha de São Tiago encrustadas nas pedras do piso ou desenhadas com tinta para indicar o caminho correto aos peregrinos que buscam uma viagem interior.

O ALBERGUE é uma taperia onde é possível comer ou comprar comida, como as tapas, para levar na viagem, assim como beber e comprar vinhos.

O mais interessante nesse pequeno local, cujo logotipo é um peregrino estilizado, são as inúmeras moedas deixadas pelos viajantes entre as pedras das paredes do bar. Por uma boa viagem e um feliz retorno, as pessoas demonstram sua fé e ninguém toca nas esperanças deixadas apoiadas nas pedras. Felizmente não é a primeira vez que ouvimos de fé e vinho juntos!

Alguns espaços que não são verdadeiramente um wine bar tem buscado algumas soluções para atrair esse novo grupo de consumidores fãs de vinho. A criação de eventos destinados a esse público tem funcionado bem.

***

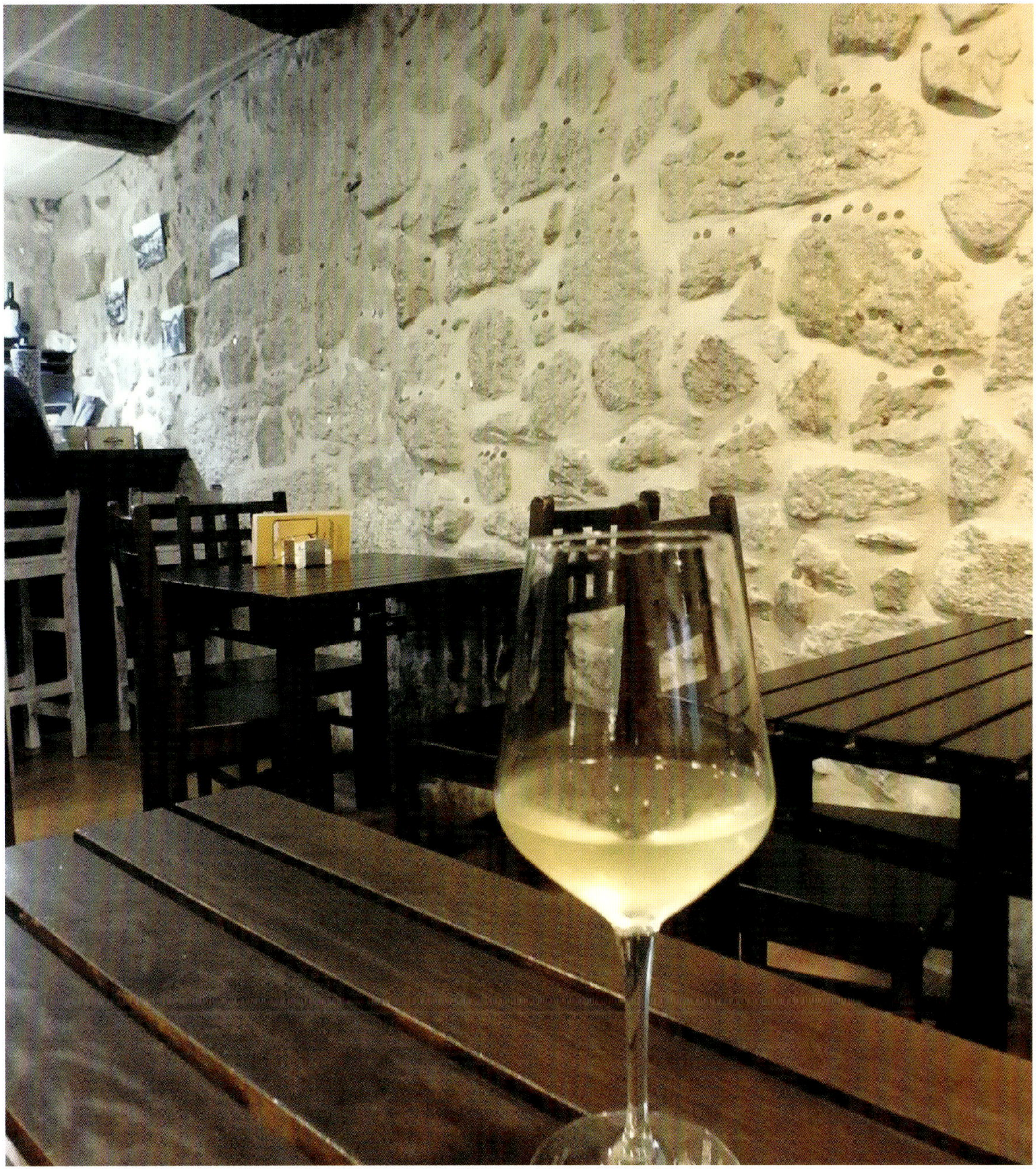

Na Itália, país do vinho, a procura por "eventos" que mostram novas formas de consumo da bebida, em vez do tradicional vinho "da casa" no almoço ou no jantar, também vem se tornando frequente.

Por que não incentivar os italianos a beberem o vinho, ou melhor, "saborearem" o vinho certo com a comida certa junto de amigos?

Essa foi a proposta do **BAR BINA**, em Morciano di Romagna, Itália. Bar tradicional na pequena cidade, onde todos se conhecem, é o terceiro lugar de muitos moradores da cidade, sendo prestigiado todos os dias com clientes que só trocam de bar quando a casa fecha para o descanso semanal.

Uma sequência de sessões mensais de degustação e "*pairing*" levou os frequentadores mais curiosos a fazerem a experiência de juntar dois elementos fortes da cultura italiana, o vinho e a comida, da melhor maneira possível. Assim, os donos do bar juntaram-se a uma vinoteca local e, com o apoio de um *chef* de cozinha, proporcionaram à pequena cidade uma nova experiência pelo mundo do vinho.

***

No Porto, em Portugal, o vinho está mais presente do que se imagina. Foi nessa atmosfera de vinho que encontramos duas propostas que valem a pena ser lembradas.

WINE HOSTEL é um hostel que oferece a opção de dormitórios com banheiros compartilhados e algumas suítes, sendo mais barato do que hotéis..

O que é bastante interessante, e que o próprio nome já declara, é sua relação com o vinho. O design é temático, mas foi feito de maneira a não sobrecarregar o visual com o assunto vinho.

Em uma casa antiga, no centro da cidade, os andares têm cores diferentes e nomes de tipos de vinho, bem como os dormitórios.

Há no primeiro andar um wine bar, com instrumentos musicais para quem quiser

What was the world's first demarcated wine region? Douro region in 1756

Dow's Taylor's
Ferreira Sandeman

VINHOS & SANDES TRADICIONAIS
VENHAM MAIS 5
VINHOS & SANDES TRADICIONAIS
VINHO/WINE
TINTO/RED 2.50€
CASTELO D'ALBA/DOURO WINE
BRANCO/WHITE 2.50€
CASTELO D'ALBA/DOURO WINE
FORAL FELGUEIRAS/GREEN WINE
TAPAS
CADA 1.00€
MENU
2 TAPA/VINHO 4.00€

se aventurar, mesas e poltronas para sentar e relaxar, ler, tomar uma taça de vinho ou fazer amigos, caso esteja viajando sozinho. Divertido, alegre e de bom gosto!

O food truck **VENHAM MAIS 5** estava estacionado perto do hostel, e mais uma vez a criatividade oferece opções diferenciadas e oportunidades de trabalho.

Vinho em copo ou garrafa e presunto são as opções oferecidas, e ali mesmo, na praça, estão as mesas dobráveis e as cadeiras de metal para que os passantes ou turistas aproveitem a oportunidade de beber um bom vinho e comer presunto cru. Simples, mas diferente, informal e sem demora. Uma experiência portuguesa, com certeza!

***

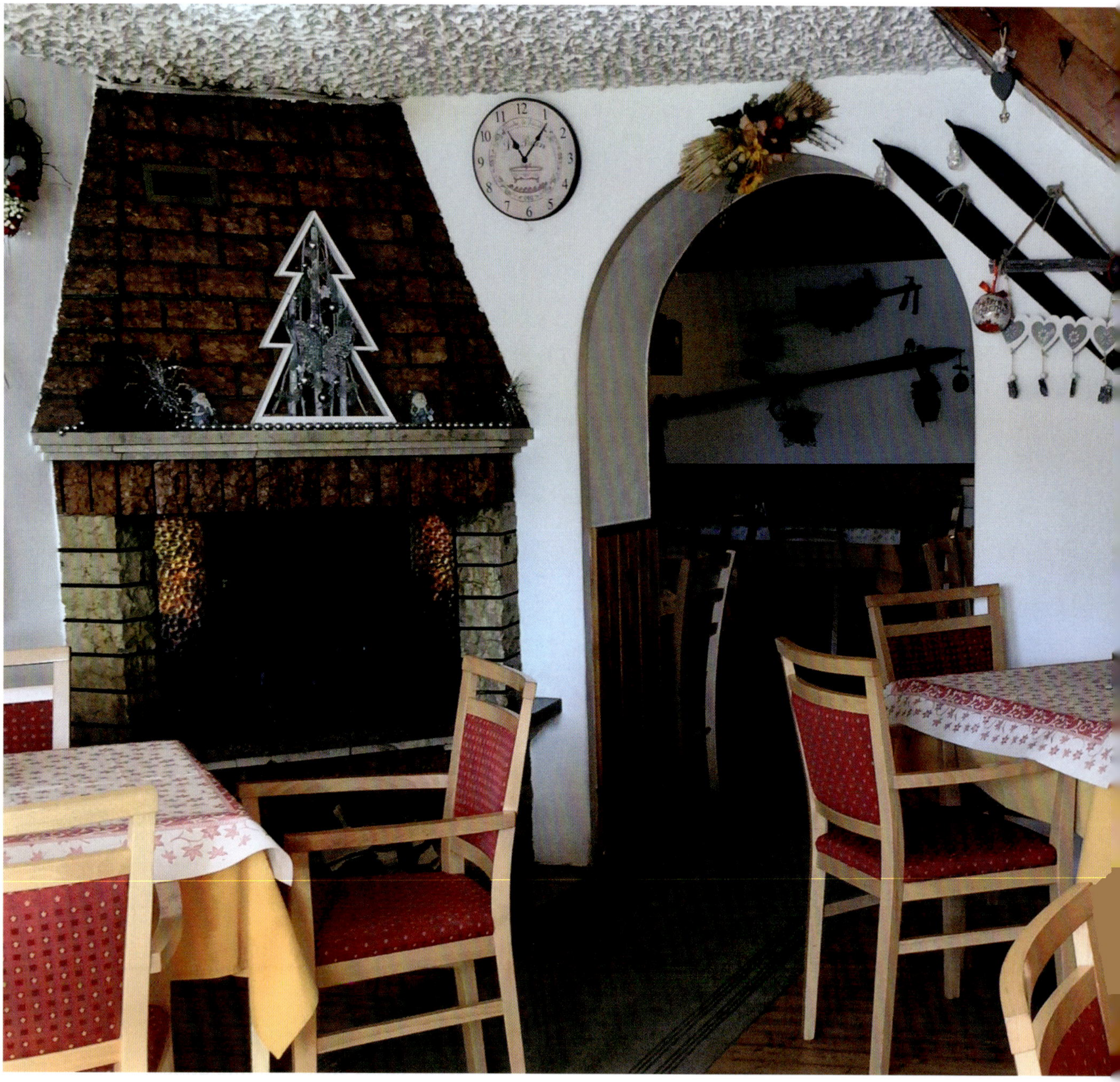

A **OSTERIA COE** existe desde 1861 e está localizada nas montanhas dos Alpes Cimbra, a 1.610 metros de altitude, em Coe Pass, no Monte Toraro, Trentino, Itália.

Após a Primeira e a Segunda Guerra Mundial, a osteria voltou a ser gerida pela mesma família que a fundou. Esse local serve como terceiro lugar de esquiadores no inverno e de famílias que visitam a região no verão. No bar, com as garrafas de vinho em exposição, se reúnem amigos para um copo de vin brulé ou uma taça de vinho no final do dia, ou para descansar entre os passeios. Uma lareira aquece e dá aconchego no meio de uma atmosfera simples e acolhedora – terceiro lugar perfeito para o clima de montanha.

No restaurante, com design tradicional da região, as paredes são brancas e muita madeira foi utilizada na construção e nos detalhes internos. A decoração é temática, com equipamentos de esqui legendários e antigas fotos do local antes da reforma.

Da frente do restaurante é possível ver, ao longe, a **BASE TUONO**, uma das doze bases de mísseis da Força Aérea Italiana implantadas na década de 1960, época da Guerra Fria (conflito ideológico, político e econômico); e que hoje foi transformada em museu onde podem ser vistos os mísseis e vários equipamentos que sobreviveram à Guerra Fria.

A base era parte do sistema de defesa aérea da Otan para o sul da Europa e tinha por objetivo interceptar, lançando mísseis Nike Hercules carregados com ogivas convencionais e nucleares, qualquer ataque aéreo de alta altitude proveniente dos países pertencentes ao Pacto de Varsóvia. Os mísseis ficaram ativos de 1966 a 1977.

***

O mundo do vinho não deixa de surpreender, e, como já fizeram com o cappuccino e com a cerveja para cachorros, agora chegou a vez do **Pinot Meow Cat**, um vinho que não é alcoólico e é feito só com ingredientes orgânicos.

Produzido em Denver, no Colorado, EUA, a ideia surgiu devido à dificuldade que existe em se levar gatos a lugares que os donos frequentam. Assim, a empresa estimula o apreciador de vinho a abrir uma garrafa de Pinot Noir em casa, tranquilamente, após o trabalho, com seu animal de estimação mais querido, ou seja, seu gato, para o qual abriria uma garrafa de Pinot Meow. A recomendação é não servir gelado, mas à temperatura ambiente, já que os felinos tendem a não apreciar bebidas muito frias!

11. Baco, vinho e design

Dioniso, para os gregos; Baco, para os romanos: o deus do vinho, do êxtase e do entusiasmo na mitologia[1]

A mitologia é o conjunto de mitos – histórias baseadas em tradições e lendas dos povos antigos – que se perpetuam através das gerações. Todas as civilizações e culturas têm seus mitos. Neles podemos encontrar paralelismos com as mais diversas situações e dilemas humanos. Muitos estudiosos do tema, que se dedicam a interpretá-los, consideram os mitos como um acervo de sabedoria para a humanidade. Ali estão expressos nossos dramas e questões mais profundas. Há deuses com as mesmas características que aparecem com nomes diferentes em culturas diversas. Esse é o caso do deus grego do vinho Dioniso que, na mitologia romana, surge com o nome de Baco.

---
[1] Texto escrito pela psicanalista junguiana Maria Cristina Marrey.

NÃO É DIFÍCIL FAZERMOS UMA ANALOGIA DESSE MITO COM AS EXPERIÊNCIAS E SENSAÇÕES PROVOCADAS PELA DEGUSTAÇÃO DO VINHO. FREQUENTEMENTE OS AMANTES DA BEBIDA DESENVOLVEM UM RITUAL PARA CONSUMI-LO; EXPERIMENTAM UM TORPOR QUASE DIVINO E SÃO CONDUZIDOS A UM "MUNDO" ONDE SE PODE SER MAIS ESPONTÂNEO, ALEGRE E IMAGINATIVO.

Conta o **mito** que a deusa Hera, ao ter conhecimento das relações amorosas do esposo Zeus, o deus soberano do Olimpo, com a princesa Sêmele, resolveu se vingar e eliminar a rival. Transformou-se em ama da jovem e aconselhou-a a pedir ao amante que se apresentasse em todo seu esplendor. Zeus advertiu Sêmele do perigo que esse pedido representava, pois uma mortal como ela não teria condições de suportar a aparição por completo de um deus imortal. Mas, como havia jurado jamais negar-lhe um pedido, o grande deus apresentou-se para a amante em sua forma plena, com seus raios e trovões. O palácio da princesa se incendiou, e ela morreu carbonizada. O bebê que estava sendo gestado pela jovem, o futuro deus Dioniso, foi salvo pelo pai: Zeus recolheu do ventre da amante o fruto inacabado de seus amores e o introduziu em sua coxa, para finalizar a gestação. Temendo um ataque da esposa a seu filho adulterino, Zeus mandou levar a criança para um monte, a fim de ser cuidada por ninfas e outros seres da natureza que lá habitavam. Nesse local, em uma gruta cercada de vegetação, e em cujas paredes se entrelaçavam galhos de videiras cheios de cachos de uvas, vivia feliz o jovem deus Dioniso.

Certa vez, o filho de Zeus espremeu as frutas em taças e bebeu o suco em companhia de sua corte. Foi assim que conheceram o novo néctar – o vinho acabava de nascer! Bebendo-o repetidas vezes, as ninfas e os demais seres que acompanhavam Dioniso começaram a dançar intensamente ao som de instrumentos sagrados, tendo o deus ao centro. Embriagados, caíram por terra semidesfalecidos, tomados por um delírio divino.

NOS PRIMÓRDIOS DE ROMA NASCEU O HÁBITO DE REVERENCIAR ESSA DIVINDADE EM UMA FESTA EM QUE SE DEVERIA IMITAR OS TEMPOS VIVIDOS NO "PARAÍSO PERDIDO", AO LADO DOS DEUSES. AS PESSOAS FAZIAM DE CONTA QUE ERAM IMORTAIS, COM A ALEGRIA E ABUNDÂNCIA QUE CONHECERAM NO PARAÍSO. ABANDONAVAM, ASSIM, AS PREOCUPAÇÕES E A PREMÊNCIA DO TEMPO.

Os devotos de Dioniso acreditavam sair de si pelo êxtase e pelo entusiasmo que experimentavam na comunhão com o deus. Esse "sair de si" significava uma superação da condição humana: a descoberta de uma libertação total, a conquista de uma espontaneidade que os demais seres humanos não podiam experimentar. Desapegavam-se das convenções, tabus e regulamentos.

O HOMEM "TOMADO" POR DIONISO OU BACO É TRANSPORTADO AO MUNDO DO ÊXTASE, ONDE SE AFROUXAM AS AMARRAS INTERNAS. SIMBOLICAMENTE, O DEUS DO VINHO REPRESENTA A QUEBRA DAS INIBIÇÕES, DAS REPRESSÕES E DOS RECALQUES.

WEIN & CO, em Viena, faz uma magnífica homenagem a Baco. Sobre a escada circular que dá acesso à loja de vinhos, no subsolo, um grande círculo de gesso, no teto, repete o diâmetro da escada, e ali está pintada a figura de Baco, com seu sorriso irônico, na cor do próprio vinho! A imagem é enorme e parece dar as boas-vindas a quem passa por ela. Outras imagens foram pintadas também em vinho, dando requinte à atmosfera e surpreendendo pela perfeição e beleza das imagens.

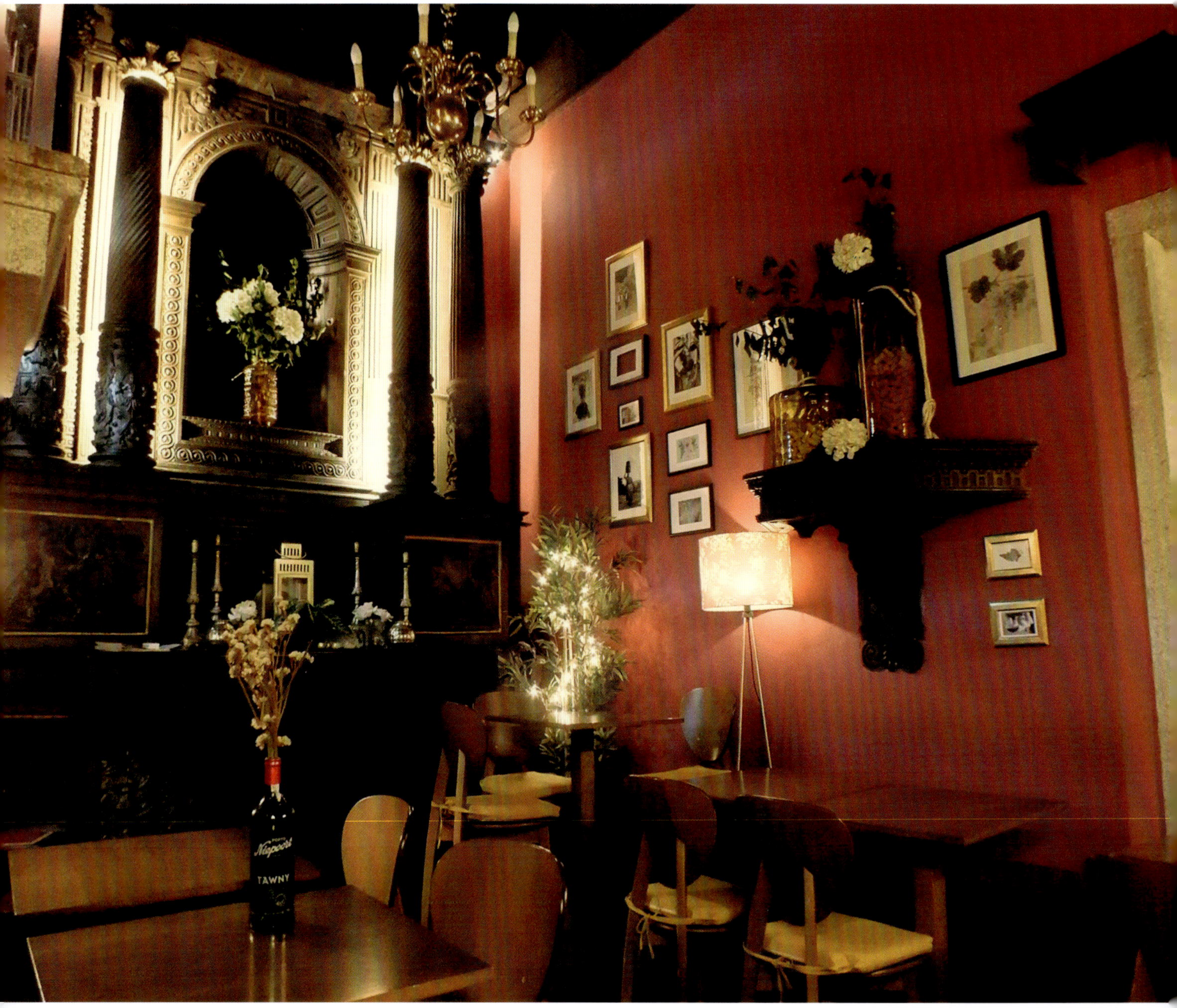
Niepoort
TAWNY

A **CAPELA INCOMUM**, situada na região central do Porto, em Portugal, abriga um wine bar que busca ajudar seus frequentadores a experimentar novos vinhos e a "aprender" a saborear um cálice ou copo da bebida em um ambiente bastante intrigante.

Instalada em uma capela abandonada e onde há mais de 50 anos não se realizava mais cultos religiosos, esse wine bar não quer ser mais uma entre as tantas opções sofisticadas e caras da cidade; mas busca ser uma opção mais acolhedora, "caseira" e informal, direcionada a quem quer conhecer um pouco mais sobre vinho.

Aberto em 2016 em uma capela construída no século XIX, passou pela aprovação da Igreja e liberação dos espaços para utilização como bar. A capela foi concebida por Antonio Teixeira de Girão (1785-1863) que, além de visconde, dedicou-se à agricultura e à vitivinicultura, tendo publicado várias obras sobre o assunto.

O projeto do wine bar foi instalado em duas construções, uma casa onde morava o caseiro da capela e a própria capela.

A entrada é feita pela casa do caseiro, e ali estão o balcão de recepção e os vinhos expostos em uma estante. Da entrada passa-se à capela, onde a cor vinho substituiu o vermelho original das paredes. O majestoso altar em madeira entalhada em um pé-direito de 5 metros foi mantido e é iluminado por velas que se acendem para estabelecer a atmosfera noturna. Os bancos foram substituídos por pequenas mesas e os santos, por fotos de vindimas. O teto de madeira, algumas vigas aparentes e paredes em pedra contribuem para compor a atmosfera escolhida para o design.

Em um segundo andar fica uma sala para reuniões profissionais ou grupos de amigos.

Trata-se de um projeto de certa forma ousado, pois manteve referências religiosas. Mas o deus que nessa capela é exaltado é o deus Baco, que está também representado em um dos quadros entalhados do altar.

12. Design de garrafas, decanters, saca-rolhas e taças

O mundo do vinho é repleto de aparatos. O caminho da bebida, que vai dos tonéis até chegar ao nosso paladar, passa por alguns utensílios, entre eles:

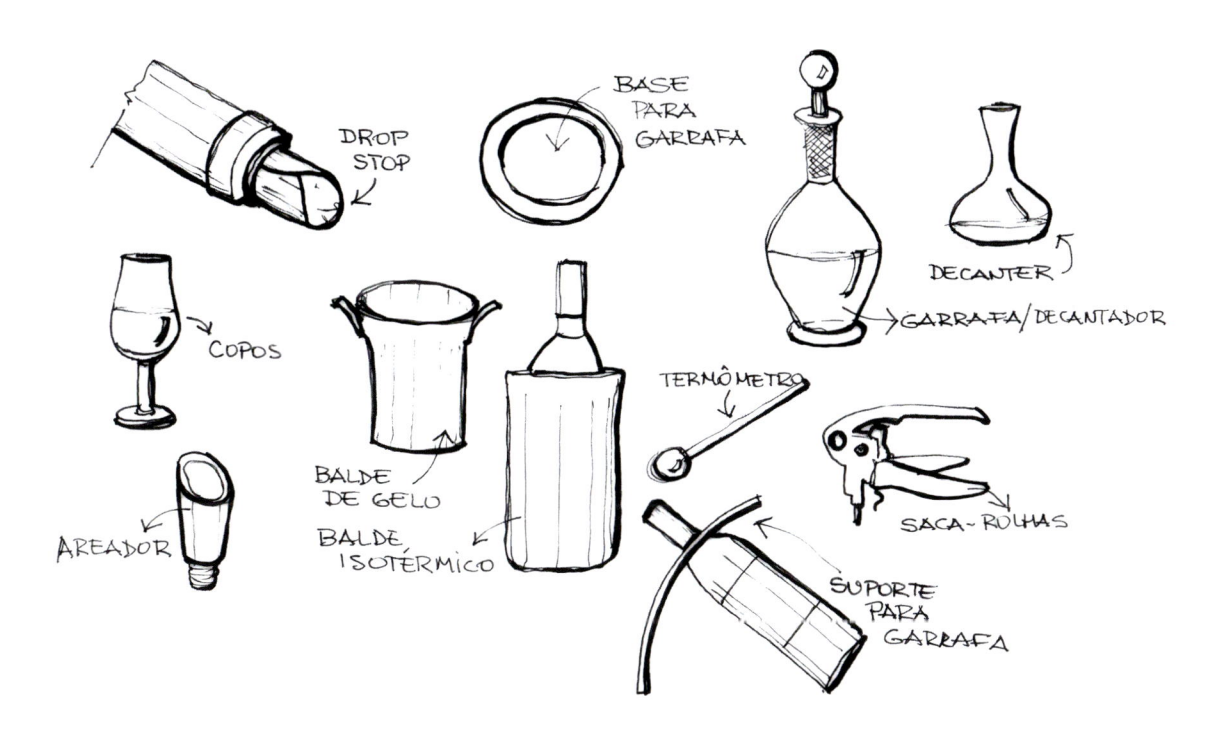

Raritäten

Garrafas

WEIN & CO, Viena. As garrafas são essenciais para o armazenamento, a manutenção e, principalmente, para a preservação da qualidade do vinho.

Algumas garrafas de vinho chegam a ser raras, com mais de 100 anos, e servem somente como item de colecionadores, já que o vinho dentro dos vasilhames poderá estar fora da validade, sendo impossível de ser consumido ou saboreado. Esses exemplares são raridades que têm seu valor como referência histórica do vinho.

Quando ainda não existia o vidro, o vinho era armazenado em jarras grandes em formato de vaso, onde oxidavam, adquirindo um gosto amargo e forte. Nessa época ele tinha de ser consumido em um período bastante breve, já que o contato com o ar fazia com que se deteriorasse rapidamente.

O DESIGN DESSA ÉPOCA, ANTERIOR AO IMPÉRIO ROMANO, NÃO PERMITIA UM ARMAZENAMENTO LONGO E TAMBÉM NÃO FAVORECIA O TRANSPORTE DA BEBIDA.

As ânforas feitas de argila (cerâmica), utilizadas para armazenar o vinho antes das garrafas, podiam ser lacradas e mantinham o vinho por um tempo maior.

Foram também os romanos que desenvolveram a técnica do sopro do vidro (*glassblowing*), que consiste em soprar uma bola de vidro, através de uma vara, a uma temperatura aproximada de 1.200 °C a fim de moldá-la ou modelá-la na forma necessária.

Os vasilhames de vidro soprados tinham um volume aproximado da medida de ar do pulmão do soprador. Os vasilhames, ou garrafas de vidro, foram descobertos como sendo ideais para manter o vinho, já que eram mais leves para o transporte. Eram tampadas com rolhas que não chegavam a lacrar, mas evitavam que insetos e poeira entrassem nas garrafas. O uso da cortiça substituiu os lacres com madeira, panos com óleo ou couro utilizados anteriormente.

Para o transporte dos vinhos, as ânforas, inventadas por volta de 1500 a.C., foram substituídas por barris somente no final do Império Romano, quando os romanos, em suas viagens de conquistas, entraram em contato com os barris de madeira utilizados pelos gauleses.

Mesmo já existindo o vidro, as jarras de argila ainda eram bastante utilizadas para servir o vinho. Com a queda do Império Romano houve a diminuição da produção de vidro, que passou a ser reutilizado com mais frequência na Renascença italiana, quando os venezianos retomaram a produção das garrafas e dos decantadores.

O DESIGN DO VASILHAME SOPRADO ERA IDEAL PARA MANTER A QUALIDADE DO VINHO E FACILITAR O CONTROLE DA QUANTIDADE DA BEBIDA DENTRO DELE, MAS ERA BASTANTE FRÁGIL. AS GARRAFAS TINHAM TAMANHOS NA MEDIDA APROXIMADA DE 650 ML A 850 ML, OU SEJA, UM PULMÃO ADULTO CHEIO DE AR.

As primeiras garrafas produzidas com a técnica do sopro tinham a base redonda e precisavam ser guardadas ou apoiadas em cestas ou suportes especiais para que parassem em pé. Esse modelo de garrafa em **forma de lágrima** pode ser comparado mais ou menos com as tradicionais garrafas de vinho Chianti.

Já as **Onion Shape** e "**Bladder**" eram algumas das garrafas mais comuns produzidas no século XVII. Embora já apresentassem uma base de apoio, só podiam ser estocadas em pé, o que ainda era um problema no armazenamento de uma grande quantidade de unidades.

No século XVIII a falta de madeira para queima fez com que os ingleses descobrissem os fornos a carvão. E com a Revolução Industrial, foi viabilizada a produção em série de garrafas de vidros mais grossas e mais resistentes. A invenção teria atravessado o Atlântico, e, na França, as garrafas começariam a ser utilizadas para os vinhos em meados do mesmo século.

Os volumes das garrafas foram definidos pelo mercado inglês, tido como o maior comprador de vinhos na época da Revolução Industrial (séculos XVIII e XIX).

A INVENÇÃO DA ROLHA PARA TAMPAR AS GARRAFAS PRODUZIDAS EM SÉRIE PERMITIU QUE A GARRAFA DE VINHO PUDESSE SER ESTOCADA POR MAIOR TEMPO E NA POSIÇÃO HORIZONTAL. INICIOU-SE ASSIM A BUSCA POR UM DESIGN QUE PERMITISSE MAIOR APROVEITAMENTO DE ESPAÇO PARA O ARMAZENAMENTO DO VINHO COM GARRAFAS QUE PUDESSEM SER ESTOCADAS DEITADAS.

A INFLUÊNCIA DA TECNOLOGIA COM OS FORNOS MAIS POTENTES A CARVÃO REFLETIU NO DESIGN DAS GARRAFAS DE VINHO, QUE PASSARAM A SER PRODUZIDAS EM SÉRIE. O NOVO DESIGN DEIXOU DE SER DE BASE LARGA E PASSOU A SE ASSEMELHAR ÀS GARRAFAS QUE CONHECEMOS HOJE, OU SEJA, CILÍNDRICO, VARIANDO UM POUCO DE FORMA DE ACORDO O PRODUTOR, MAS SEGUINDO A MESMA DIRETRIZ. ERAM FEITAS EM VIDRO ESCURO, COM UM PESCOÇO *"LONGNECK"* E COM O GARGALO PADRONIZADO PARA QUE TODAS PUDESSEM SER SELADAS COM AS ROLHAS DE CORTIÇA PRODUZIDAS NO MEDITERRÂNEO.

Evolução do design das ânforas ao vidro soprado.

Evolução do design da garrafa de vinho em vidro soprado até o design industrializado.

No século XIX, por volta de 1820, começaram a aparecer alguns estilos de garrafas baseadas não somente na cultura local, mas também com o objetivo de criar uma identificação e diferenciar visualmente os tipos de vinhos no comércio.

A partir de 1940 foram desenvolvidos formatos de garrafas de volumes diversos, que passaram a ter nomes bíblicos e de patriarcas da história.

Atualmente o design das garrafas utiliza todas as vantagens que a tecnologia pode oferecer para garantir um vinho de qualidade, com todas as suas características preservadas, além do diferencial do estilo ou detalhe nas garrafas.

A concepção de garrafas diferenciadas pode ser bem sofisticada. Arquitetos ou artistas, como foi o caso da arquiteta Zaha Hadid, são convidados a criar garrafas especiais para determinados vinhos, permitindo assim que sejam concebidas edições limitadas de embalagens com maior valor comercial, ao mesmo tempo em que ampliam o público-alvo de consumidores.

ALGUNS PRODUTORES UTILIZAM RECURSOS ARROJADOS DE MARKETING E BRANDING ENVOLVENDO O DESIGN FINAL DAS GARRAFAS, BUSCANDO UMA DIFERENCIAÇÃO VISUAL FORTE EM UM MERCADO CADA VEZ MAIOR E MAIS COMPETITIVO.

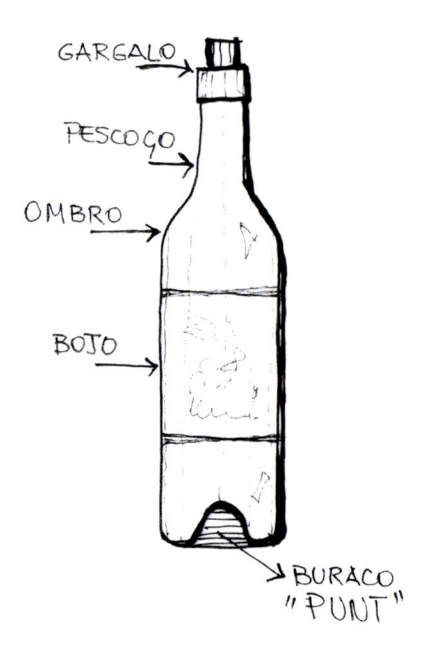

GARGALO
PESCOÇO
OMBRO
BOJO
BURACO "PUNT"

CURIOSIDADE: O fundo da garrafa apresenta uma reentrância conhecida como *"punt"*. Quando as garrafas começaram a ser feitas com o processo do sopro elas acabavam ficando com uma marca onde o vidro tocava o pontil (ferro que segura o vidro quente enquanto era soprado), e essa marca dava instabilidade à garrafa, além de riscar a mesa onde seria apoiada. O *punt* foi criado para recuar essa marca.

Nos dias atuais essa preocupação não existe mais, dada a qualidade das garrafas industrializadas. O que existe é um "apego" à antiga forma e a afirmação de alguns especialistas de que o *punt*:

- serve para ajudar o material sedimentado no fundo das garrafas não ficar totalmente em contato com o vinho;
- fortifica a garrafa dando a ela maior estabilidade;
- ajuda a servir o vinho utilizando apenas uma mão (algumas vinícolas chegaram a criar garrafas com design diferenciado para essa técnica de serviço).

Graças à evolução do design e da tecnologia das garrafas, o vinho começou a ser armazenado em caixas. Em 1965, Thomas Angove, produtor de vinho australiano, patenteou a primeira versão de uma "*bag-in-box*" (tipo de caixa de papelão com um saco plástico dentro que serve para vender vinho). A embalagem passaria por um aprimoramento do seu design e seria patenteada em 1967 pela empresa Penfolds.

Os mais entusiastas da cultura do vinho não apreciam essa embalagem, já que ela tira o prazer do ritual da abertura da garrafa.

Alguns dos volumes que encontramos nas garrafas de vinho atualmente.

Decantadores ou decanters

Parentes das garrafas e das jarras, os decanters passaram a ser mais e mais requisitados com a difusão da nova "cultura do vinho", a qual se espalhou pelo mundo. Com a procura por vinhos finos, mais sofisticados, que custam muito mais do que os vinhos da casa, os decantadores podem ser de grande uso.

A história das garrafas de vidro, como já vimos, começou com os romanos, que desenvolveram a técnica do sopro. O declínio do Império Romano, no século IV, fez com que a produção das garrafas de vidro sofresse muito. Um novo *boom* só vai acontecer no século XVII, durante o Renascimento, com os venezianos, que acabaram reintroduzindo as garrafas e os decanters em vidro, criando um design particular com um longo pescoço que se abria em um corpo bojudo.

O "*stoper*" ou tampa só seria introduzido pelas mãos dos designers ingleses por volta de meados do século XVII, mesmo século em que também passou a ser "regra" despejar o vinho em uma jarra ou outro recipiente antes de servi-lo.

As garrafas de vidro destinadas a servir ou para beber o vinho só passariam a ter um design mais particular após a descoberta do cristal, patenteado em 1673. A volta do inglês George Ravenscroft (exportador de vidro) a Londres, em 1670 e sua associação com o genovês John Baptista da Costa (fabricante de vidro) permitiram a criação do cristal de chumbo (*chrystaline glass*). Essa descoberta possibilitou que os ingleses passassem a ser líderes mundiais na fabricação de vidro.

No princípio as garrafas e jarras eram feitas de vidro escuro, de cerâmica ou de metal e, de certa forma, "escondiam" as impurezas contidas no vinho que, no século XVIII, ainda era transportado por alguns produtores sem ser filtrado. Mas depois as borras, como são chamadas essas impurezas, ficavam à vista, o que propiciou, por necessidade, o surgimento do design do decanter, cujo primeiro registro de existência seria por volta de 1700. O século XVIII teria sido o auge da utilização do decanter na Inglaterra. A exportação para as colônias inglesas tem seu primeiro registro datando de 1719, com a exportação para os EUA e depois também para toda a Europa.

Os decanters de cristal que estão entre os modelos clássicos mais finos são peças únicas, inglesas e irlandesas, produzidas entre 1760 e 1810, ainda com a técnica do sopro, cortados manualmente e com desenhos gravados à mão. Nessa época, possuir uma peça original já era sinônimo de prestígio social, dado o custo de cada peça.

No século XIX a existência do decanter já teria superado a sua função, e novos designs começaram a surgir no mercado, passando a ser valorizado pela forma e como objeto decorativo.

As opções de design atualmente são inúmeras, com estilos que variam dos simples e discretos a verdadeiras peças de decoração. Coloridos ou transparentes, grandes ou pequenos, o importante é que sirvam também à sua função principal, que é decantar.

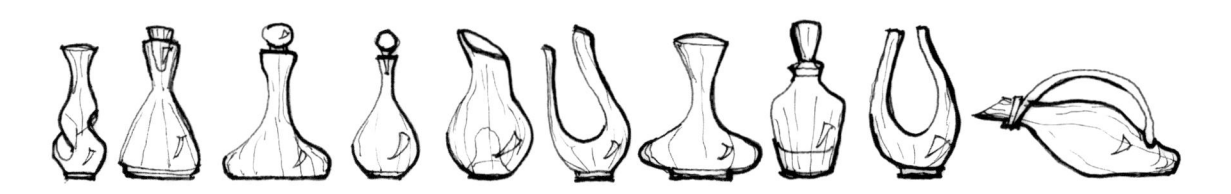

DECANTERS

Alguns sommeliers afirmam que a maioria dos vinhos atualmente não precisaria mais ser decantada, outros já pensam exatamente o contrário. Portanto, peça de decoração, utensílio funcional e necessário ou peça de design e não tão necessária assim, o importante é que se defina bem qual a importância do decanter em um wine bar.

Claret jugs são jarras de vidro que foram criadas em 1830, quando os ourives começaram a substituir as tampas de vidro por versões prateadas ou chapeadas, montadas com dobradiças. Mais tarde, essas jarras passaram a ter também alças de prata, mantendo, no entanto, a forma de garrafa tradicional. *Claret*, palavra de origem francesa, refere-se, nesse caso, à cor brilhante do vinho Bordeaux francês.

Essas jarras, produzidas por toda a Europa, tiveram designs diferentes durante o século XIX, algumas chegando até a ter forma de plantas, aves e crocodilos. Com o tempo, elas passaram a ser uma forma de expressão de artistas e artesãos que procuravam mostrar seus talentos com a criação de peças com design particular.

O trabalho dos artesãos era enorme, graças ao nível bastante realista de detalhamento do trabalho executado sobre o vidro. Com custo bastante alto e mudanças no início do século XX para uma realidade de austeridade, as *claret jugs* passaram da moda à extinção total de sua produção em 1920.

Rótulos

Os rótulos são o "rosto" do vinho, ou seja, é o primeiro contato que temos com uma garrafa. Além de conter todas as informações necessárias aos consumidores e compradores, eles desempenham uma função muito importante, a de também ajudar a vender o vinho.

O proprietário da Vinoteca Latina, de Portugal, chamou nossa atenção para a importância que o rótulo vem tendo dentro do universo feminino de consumidores. Em sua empresa, uma das melhores da região, ele vive essa realidade todos os dias, quando vê que as compradoras tendem a se interessar por garrafas com rótulos diferentes, sejam eles mais tradicionais, sejam mais contemporâneos, que se destacam da similaridade dos demais.

Parte da marca e do branding, eles devem refletir a empresa: rótulos mais formais para produtos mais tradicionais e rótulos mais ousados para produtos novos, mais arrojado na sua composição de odores e sabores.

A tendência de algumas vinícolas em recrutar artistas famosos, ou "personalidades" famosas, para criar o design de uma determinada safra de vinho ou produto não começou agora, mas há algum tempo atrás. A mensagem que há por trás dessa ideia é a de que: "Este vinho é um '*work of art*'!" (Uma obra de arte).

Château Mouton Rothschild, na França, teria sido uma das primeiras vinícolas a utilizar artistas famosos para decorar os rótulos de seus vinhos. Hoje, no Museum of Wine in Art, criado pela empresa em 1962, estão todos os exemplares desde o primeiro deles, de 1924, do artista gráfico **Jean Cralu**, passando por **Dalí**, **Miró**, **Chagall**, **Picasso**, entre tantos outros.[1]

Segundo Matthew Scott, do *Post Magazine* (on-line),

> À MEDIDA QUE OS NOVOS MERCADOS SURGIRAM E SE EXPANDIRAM, OS PRODUTORES DE VINHO – ESPECIALMENTE OS DO NOVO MUNDO (AMÉRICA DO NORTE, AUSTRÁLIA E ÁFRICA DO SUL, POR EXEMPLO), QUE NÃO TRAZEM TANTA TRADIÇÃO PARA A MESA COMO AQUELES DE NAÇÕES COMO A FRANÇA – TIVERAM DE EXPLORAR NOVAS MANEIRAS DE O ATRAIR O CONSUMIDOR.[2]

E foi assim que o investimento em novos designs de garrafas e rótulos começou a ajudar na venda e na divulgação do produto desses países.

John Casella, proprietário da vinícola australiana **Casella Family Brands**, concebeu em 2000 um novo produto e buscou uma nova "cara" para seu vinho, o **yellow tail**. Visando o mercado de consumidores americanos, que realmente não conhecem muito sobre vinho, foi criada uma garrafa preta, com o nome em amarelo forte e com um *"wallaby"*, que se assemelha a um pequeno canguru, desenhado segundo os padrões aborígenes e bastante colorido. O propósito era dizer que: "Este vinho é divertido e nem um pouco tradicional".[3] Deu certo.

> PARA CASELLA, O RÓTULO DEVE PASSAR A IMAGEM DO PRODUTO QUE O REPRESENTA DE FORMA VERDADEIRA, JÁ QUE OS NOVOS CONSUMIDORES, QUE NÃO CONHECEM VINHO, ESCOLHEM PELO RÓTULO, OU SEJA, ACREDITAM "LER" COMO É O VINHO DENTRO DA GARRAFA NO RÓTULO QUE ELA EXIBE, CONFIRMANDO ASSIM A MESMA TEORIA DA IMPORTÂNCIA FUNDAMENTAL DA ESCOLHA CORRETA DO DESIGN DO RÓTULO DE UMA GARRAFA DE VINHO.

---

1   CHATEAU MOUTON ROTHSCHILD. **Painting for the labels**. Disponível em: <https://www.chateau-mouton-rothschild.com/label-art/discover-the-artwork>. Acesso em: 26 maio 2018.
2   SCOTT, M. How the wine label became an art form. **Post Magazine**, 24 ago. 2016. Disponível em: <http://www.scmp.com/magazines/post-magazine/long-reads/article/2008332/how-wine-labelbecame-art-form>. Acesso em: 26 maio 2018.

3   Ibidem.

A segunda função dos rótulos é a de transmitir aos compradores e consumidores algumas informações adicionais importantes. Essas informações podem variar bastante de país para país e dependem também de o vinho ter sido produzido no Velho Mundo dos vinhos tradicionais ou no Novo Mundo dos vinhos mais jovens.

Entre essas informações, as mais importantes são:
- Nome do vinho e do produtor.
- Tipos de uvas utilizadas e região onde foram cultivadas.
- O ano da colheita das uvas.
- Conteúdo líquido.
- Teor alcoólico.
- Se foram produzidos em uma região controlada (DOC).
- Descrição do vinho e suas características.
- Número do lote ao qual pertence.

Os vinhos tradicionais costumam colocar todas as informações no rótulo, com exceção das duas últimas, que estarão no contrarrótulo, no verso da garrafa. Já os vinhos das vinícolas mais novas, menos tradicionais como as do Novo Mundo, acabam trazendo algumas das informações, e às vezes todas elas, no contrarrótulo.

Outra novidade são as informações em braile, que algumas vinícolas adotaram.

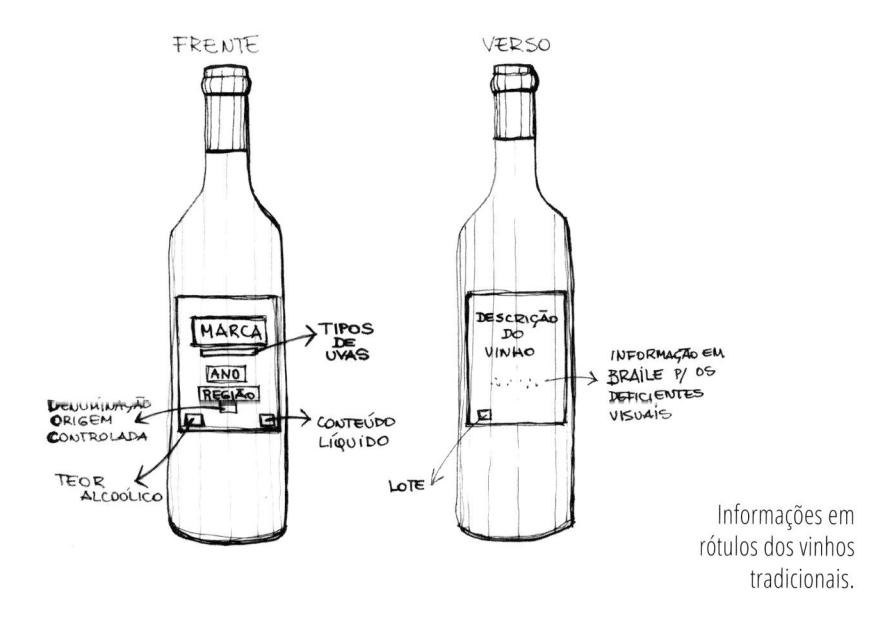

Informações em rótulos dos vinhos tradicionais.

Rolhas e tampas

O vidro é um material que "sela" completamente o seu conteúdo, ou seja, o ar ou o oxigênio não passa através dele. "*Stoppers*" ou tampas foram criados para evitar que o oxigênio não deteriore o vinho dentro das garrafas. A forma mais conhecida de tampar uma garrafa de vinho é com rolha de cortiça, utilizada pelos romanos e que teria substituído as primeiras formas de selar garrafas, ou seja, os plugues de madeira e os panos embebidos em óleo.

Quando a indústria do vidro começou a criar garrafas e decanters, tampas de vidro passaram a ser uma nova opção, porém eram muito mais caras do que a tradicional rolha de cortiça adotada no século XVII, quando as garrafas passaram a ser produzidas em série. Em 1630, o inglês Sir Kenelm Digby desenvolveu uma garrafa de vidro com um anel reforçado e em relevo na ponta do gargalo, o que permitia que a rolha fosse amarrada à garrafa. Com a tecnologia atual, os anéis são bem menores e estão presentes nas garrafas de espumantes e champanhe.

As rolhas permitem que uma pequena quantidade de ar passe através dela, não são 100% eficazes, e essa quantidade definirá a qualidade de cada rolha. Segundo o Dr. Andrew Waterhouse, químico e professor de enologia na Universidade da Califórnia, EUA, uma rolha deixaria passar 1 miligrama de oxigênio por ano, o que, ao longo de dois ou três anos, pode acabar com a proteção adicionada ao vinho para evitar a sua oxidação.

Quanto ao design da rolha de champanhe, existe uma lenda de que seu inventor teria sido o monge francês Don Perignon, mas há comprovação de que, muitos anos antes, em 1665, foi encontrada uma rolha de champanhe no inventário do duque de Beldford. Sabe-se que no século XVIII, as rolhas de champanhe eram amarradas com três fios e mesmo assim podiam explodir, o que teria dado a ela o apelido de "vinho do diabo".[4] O design de um "muselet", ou "gaiola de arame", projetado por Adolphe Jacquesson, em 1844, em forma de cogumelo, é hoje adotado para os champanhes e espumantes, pois é uma solução eficaz que evita que a rolha salte devido à pressão do líquido dentro da garrafa.

Com o tempo, o design das rolhas começou a contar com nova tecnologia e outros materiais. Ainda segundo o professor Waterhouse, existem no mercado três tipos básicos de lacração das garrafas de vinho, sendo eles:

Cortiça natural e cortiça técnica: cilindro de cortiça cortado, de fora para dentro, da casca

---

[4] SCANLAN, J. Pop! The history of the champagn cork and cage. **MOLD**, 3 mar. 2015. Disponível em: <https://thisismold.com/object/drinkware/pop-the-history-of-the-champagne-cork-and-cage#.WubEh5cRXZs>. Acesso em: 27 maio 2018.

colhida, a cada sete anos, da árvore chamada sobreiro. Foi a única opção até vinte anos atrás, mas continua sendo a melhor, a mais garantida para vinhos mais tradicionais envelhecidos. Também feita com cortiça, mas em um processo diferente, há as rolhas técnicas, um aglomerado denso de cortiça no formato de cilindro cujo topo é feito de cortiça natural. Às vezes a base também é de cortiça natural. São rolhas para vinhos que serão consumidos de 2 a 3 anos.

Cortiça sintética: opção mais barata, é feita de polietileno e tem desempenho quase igual à cortiça natural; no entanto, deixam entrar um pouco mais de oxigênio. Apresenta forma mais consistente e não sofre contaminação como a cortiça natural. Esse tipo de lacre oferece aos produtores a possibilidade de controlar e escolher a quantidade de oxigênio que desejam para cada tipo de vinho.

Tampa de rosca (Stelvin): desenvolvida a partir da tampa Stelcap, teve um longo processo de design que teria começado nos anos 1960 pela empresa francesa Le Bouchage Mécanique. Entre os anos de 1970 e 1971 a tampa foi testada no vinho suíço Chasselas (afetado pelo gosto da cortiça), sendo adotado comercialmente em 1972 na Suíça. Em 1977, na Austrália e Nova Zelândia, lançam comercialmente a versão de vinhos com tampas de rosca. A versão Stelvin Lux, em alumínio, foi criada em 2005 e também permite controle de oxigenação. Embora seu design não seja 100% aceito no mundo do vinho, várias companhias já fabricam suas versões da tampa Stelvin.

1% A 2% DAS ROLHAS DE CORTIÇA NATURAL ACABAM CONTAMINANDO O VINHO COM CHEIRO DE MOFO, O QUE CORRESPONDERIA A UMA OU DUAS GARRAFAS A CADA OITO CAIXAS DE VINHO. POR ISSO, OS GARÇONS SEMPRE OFERECEM O VINHO PARA SER EXPERIMENTADO ANTES DE SERVIR.[5]

Embora a versão de rosca seja muito eficaz para vinhos mais jovens e mais fáceis de abrir, a invenção ainda não convence totalmente as vinícolas, nem os consumidores. A experiência de tomar um cálice ou taça de vinho englobaria também a arte de abrir a garrafa, de escutar o barulho produzido com a extração da rolha de cortiça. Levando em conta essa experiência sensorial, as vinícolas mais famosas e mais tradicionais não adotaram e não pretendem adotar a versão tampa de rosca.

---

5 WATERHOUSE, A. A chemist explains why corks matter when storing wine. **Wine Folly**, 30 dez. 2014. Disponível em: <https://winefolly.com/review/chemist-explains-corks-matter-storing-wine/>. Acesso em: 11 abr. 2018.

Saca-rolhas

INVENTARAM A ROLHA PARA SELAREM AS GARRAFAS, E UMA QUESTÃO APARECEU: ABRIR AS GARRAFAS. ASSIM SURGIU UMA NECESSIDADE A SER SUPRIDA E UMA META PARA OS DESIGNERS FOI ESTABELECIDA!

Não se sabe ao certo quem foi o primeiro inventor do saca-rolhas, embora se acredite que seu design tenha partido de um utensílio que era utilizado para retirar balas de fuzil que acabavam presas no cano. O primeiro registro sobre um aparato que abria garrafas lacradas com rolha data de 1681, e a primeira patente de um saca-rolhas aconteceu em 1795, sendo do reverendo Samuel Henshall de Oxford, Inglaterra, conhecido como **Twist**.[6]

Seu modelo foi copiado inúmeras vezes, em que se mantinha o princípio da ferramenta, mas com alterações no design, como a eliminação do anel (chamado anel de Henshall) que evitava a entrada da espiral de ferro mais do que o necessário dentro da rolha. Outras alterações foram feitas no design do puxador.

Em 1880, foi patenteado na Inglaterra o primeiro saca-rolhas com duas alavancas, criado por William Burton Baker e produzido por James Heeley & Sons of Birmingham. Heeley achou que o design apresentava imperfeições e o alterou, patenteando em 1888 a nova versão **A1 Double Lever**, que também ficou conhecido como **"Angel"**.[7]

Em 1883 foi patenteado o saca-rolhas criado pelo alemão Carl Wienke, que se tornou famoso como **Waiter's Friend** (amigo do garçom). Atualmente pode ser encontrado com designs ligeiramente diferenciados.

O extrator de rolha **Twin-Prong** ou **AH-SO** é uma fantástica invenção, com um design simples e bastante eficiente. De acordo com alguns registros, seu design foi criado na antiga Alemanha Ocidental; no entanto, não há nenhuma referência a datas.

Durante o século XIX foram criados muitos tipos de saca-rolhas sendo quase sempre apenas variações dos três modelos citados. Já no século XX começaram a surgir designs bastante diferenciados.

---

[6] CORKSCREWSONLINE.COM. Antique & Vintage Corkscrew Guide. Disponível em: <http://www.corkscrewsonline.com/corkscrew_guide_henshall.html>. Acesso em: 18 dez. 2018.

[7] THE WEEKLY SCREW. The Virtual Corkscrew Museum's Weekly Newspaper. Disponível em: <http://www.bullworks.net/daily/20071111.htm>. Acesso em: 18 dez. 2018.

Em 1930 foi patenteada, pelo americano Dominich Rosati, uma versão melhorada do A1, de Heeley. O engenheiro Herbert Allen criou duas peças famosas, o **Screwpull**, em 1979, que faz parte da coleção permanente do Museu de Arte Moderna de Nova York, e, em 1981, o **Self Pulling**, muito copiado hoje em dia e conhecido como "**Rabbit**".

Os saca-rolhas elétricos estão no mercado desde os anos 1980. Podem ser encontrados com tomada, com pilhas ou mesmo com baterias recarregáveis.

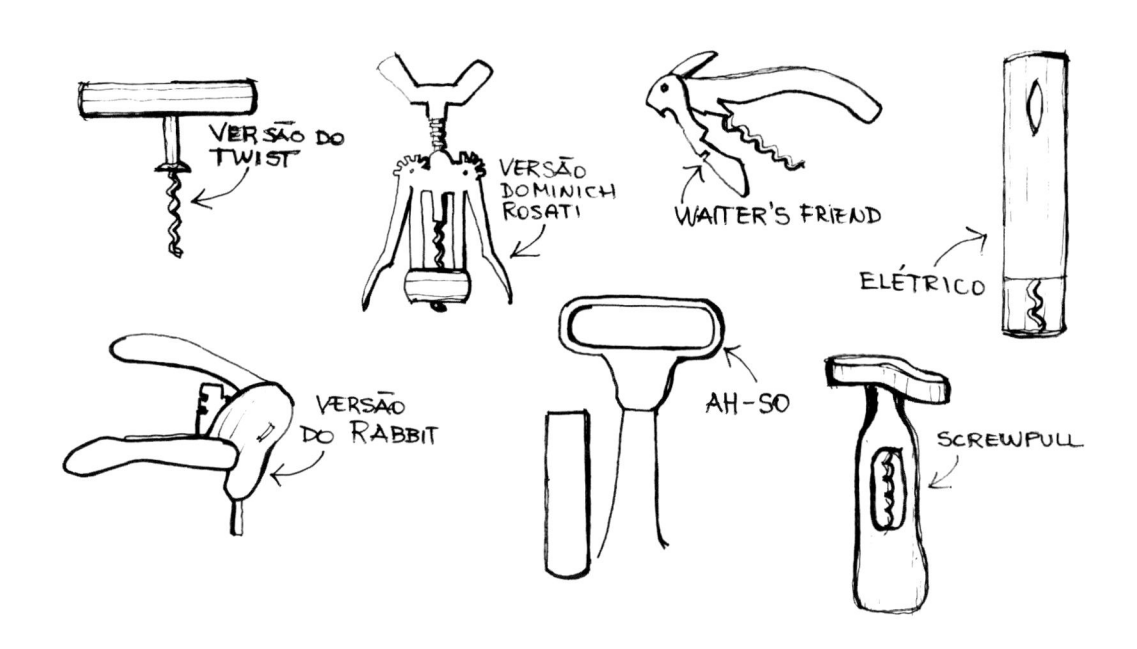

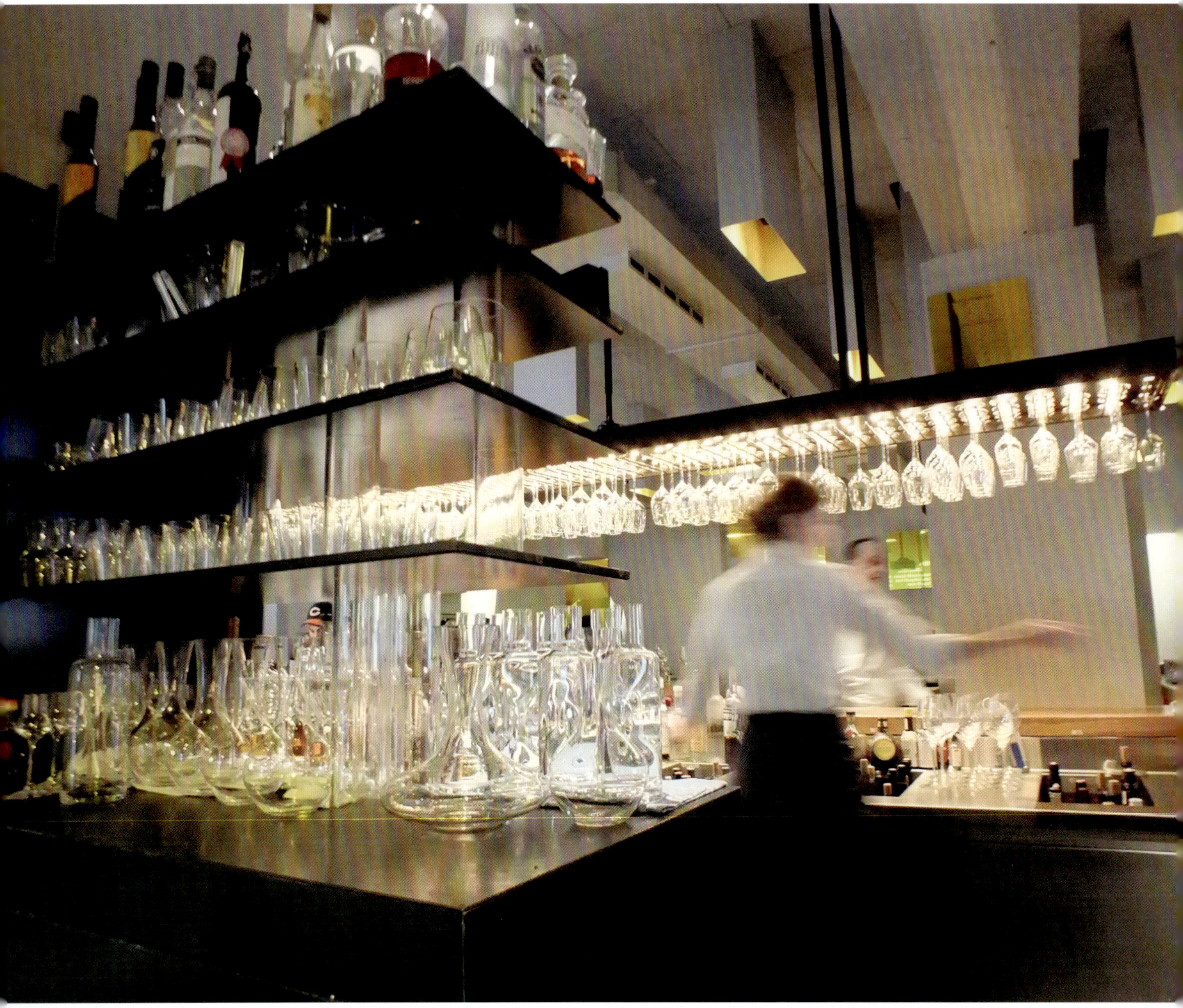

Taças

Os recipientes que as diferentes civilizações utilizavam para beber seu vinho variam quanto ao design, mas as referências pesquisadas não permitem definir os modelos e as datas de seu surgimento de modo preciso, já que a maioria deles é procedente de sítios arqueológicos. O que se sabe realmente é que o vinho, na Antiguidade, era degustado em confraternização e bebido em recipientes passados de convidado para convidado.

Os primeiros recipientes criados foram feitos de terracota e tinham um tamanho razoavelmente grande. O vinho servido no **Kylix**, como era conhecido o recipiente grego, por exemplo, era compartilhado, e seu formato, com duas hastes, ajudava a passá-lo de mão em mão.

Sabe-se que as primeiras taças de vidro teriam aparecido no Egito, entre 1500 a.C. e 1000 a.C. Como aconteceu com as garrafas, a técnica do sopro do vidro fez com que as taças se tornassem frequentes no tempo dos romanos, que foram os inventores da técnica.

Existiram vários "recipientes sagrados" para servir aos deuses o vinho que também era considerado "sagrado", e a **Patella cup** (em forma de joelho) era um recipiente romano feito de vidro com essa mesma função.

Na Idade Média pouca coisa mudou. As técnicas de criação dos taças, os formatos e o material de que eram feitas eram praticamente os mesmos. Foram criadas as taças de prata, mas eram destinadas quase na sua totalidade às igrejas.

Diferentes designs de taças.

Diferentes designs de taças.

Algumas mudanças começaram a ocorrer na Idade Moderna. No século XIV as taças começaram a "parar em pé", e Veneza, com o cristal veneziano, passaria a ser o centro da produção de taças com pés trabalhados e destinados à aristocracia, que podia pagar o alto preço das peças. A maioria das pessoas ainda tomava seu vinho em recipientes de terracota ou metal, que eram muito mais baratos e resistentes.

Em 1647, o inglês George Ravenscroft tentou recriar o cristal veneziano e acabou criando uma versão mais leve e transparente de cristal, que foi patenteado em 1673. Com a perda da patente em 1681, a fórmula se espalhou, e no século XIX surgiram os famosos cristais Baccara (francês), Guss (russo) e Waterford (irlandês).

Com a Revolução Industrial e as garrafas industrializadas para armazenar o vinho, diminuíram as impurezas na bebida, e mais tipos de vinhos começaram a aparecer. Da mesma forma, as taças de cristal fizeram que o modo como o vinho era visto dentro delas também passasse a ser importante na degustação, e as taças mais funcionais passaram a ser preferidas pelos consumidores da bebida.

Os tipos e formatos de taças são inúmeros, e essa variação ocorre porque cada uma delas serviria para valorizar as características pertencentes a cada um dos diferentes tipos de vinho.

A taça flute ou flauta, ideal para champanhe e espumantes, teria sido criada como substituta da taça Maria Antonieta, que, segundo a lenda, teria sido moldada no seio da rainha francesa. A taça, aberta, no entanto, permite que as pequenas bolhas da bebida se percam rapidamente. Com um novo design, bem mais fechado, as bolhas permanecem por mais tempo na bebida, já que a área de evaporação é bem menor, aumentando o prazer da experiência de tomar um cálice de champanhe ou espumante.

Segundo a revista *Adega*, a marca austríaca Riedel, produtora de taças, "possui cerca de 400 tipos e tamanhos diferentes, uma para cada espécie de uva e/ou região do mundo".

Em 1977 foi criada a **taça ISO 3591:1977** (Associação Internacional de Estandardes), que pretende estandardizar o procedimento de avaliação e o tamanho dos copos. A taça ISO tem design com borda estriada e convergente, e capacidade máxima de 7,27 oz, sendo o único copo padronizado. Embora utilizado por uns, é rejeitado por críticos que não o utilizam devido, segundo eles, à sua "inadequação".

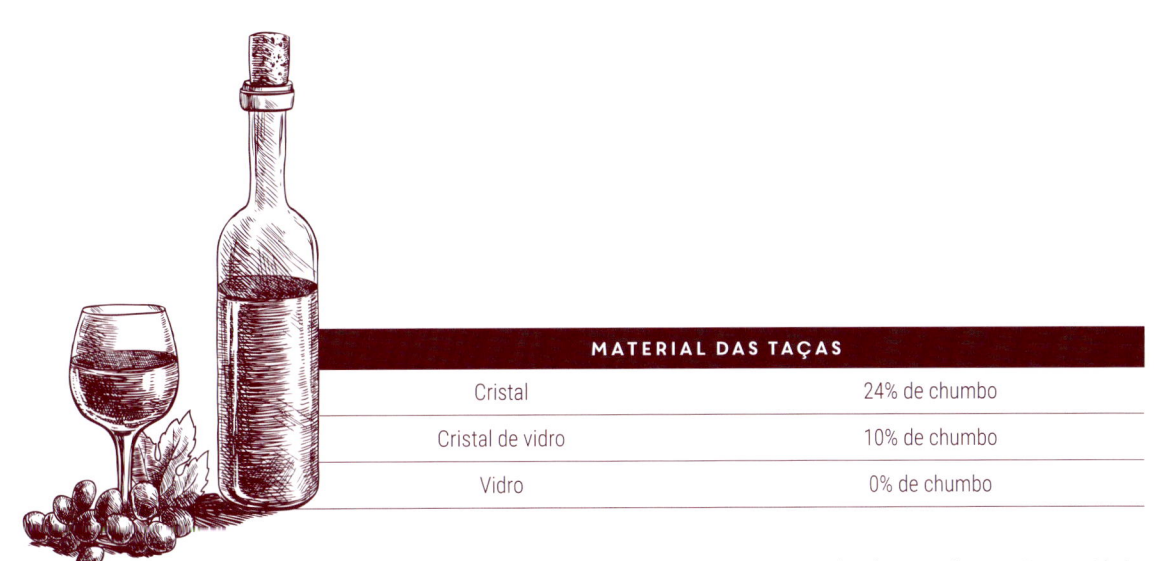

MATERIAL DAS TAÇAS	
Cristal	24% de chumbo
Cristal de vidro	10% de chumbo
Vidro	0% de chumbo

Quanto mais chumbo, mais leve, mais sonoridade, mais fina a espessura e mais porosa a superfície.

13. Branding e merchandising

UMA MARCA É UM ATIVO QUE SEMPRE SERÁ PROVEITOSO, DESDE QUE, PELO MENOS ATÉ CERTO PONTO, SEJA GERENCIADO SENSIVELMENTE.[1]
ROBERT ALWIN SCHLUMBERGER, 1814-1879

A MARCA ENVOLVE A EXPERIÊNCIA QUE SERÁ PASSADA AO CLIENTE PARA TRANSMITIR SEUS VALORES E SUA PERCEPÇÃO, ENGLOBANDO OS CINCO SENTIDOS – OU OS MAIS ADEQUADOS PARA O SEU TIPO DE NEGÓCIO, QUANDO APLICADOS – PARA TRABALHAR A IDENTIFICAÇÃO DE UMA EMPRESA E SEUS PRODUTOS OU SERVIÇOS.[2]

Para entendermos o que é branding temos também que compreender o real significado do que é a palavra marca, além do nome e de sua representação em um logotipo. Segundo Guilherme Kruger, diretor de negócios digitais da empresa Avanti:

Portanto, podemos dizer que a marca não seria representada somente pelo nome da empresa e seu logo, mas por todos os aspectos do negócio em questão que venham a ter contato direto com o público consumidor (público-alvo).

---

[1] Frase escrita nos painéis do interior da Vinícola Schlumberger, onde fazem o champanhe na Áustria.

[2] KRUGER, G. O que é uma marca e o que é branding? **E-Commerce Brasil**, 9 abr. 2015. Disponível em: <www.ecommercebrasil.com.br/artigos/o-que-e-uma-marca-e-o-que-e-branding>. Acesso em: 18 dez. 2018.

Quando englobamos os cinco sentidos, estamos considerando os aspectos visuais, os olfativos, os sonoros, os tácteis e os que envolvam o paladar e que estejam presentes no produto ou serviço que a marca deve representar.

Passou a ser comum a procura por um cheiro que represente uma marca. Profissionais especializados criam esse cheiro para que o produto seja também reconhecido por meio do olfato, em uma busca de ampliação das formas de identificação de uma marca com seu público. Ainda segundo Kruger,

> BRANDING, OU GESTÃO DE MARCAS, É UM CONJUNTO DE AÇÕES ESTRATÉGICAS QUE CONTRIBUE PARA A CONSTRUÇÃO DA PERCEPÇÃO DO PÚBLICO CONSUMIDOR EM RELAÇÃO À EMPRESA, DE FORMA POSITIVA, OU SEJA, COMO SE GOSTARIA QUE ELE A INTERPRETASSE.[3]

Por isso é tão importante que seja criada dentro das empresas uma identidade totalmente coerente em todos os aspectos que estão em contato com o público-alvo. É absolutamente necessário que o cliente veja a empresa e seus produtos "falando a mesma língua", ou seja, coerente no seu princípio e identidade, representando a marca do mesmo modo.

A **CANTINA TRAMIN**, Strada del Vino 144, Termeno, Itália, executou um projeto arquitetônico de ampliação concebido pelos arquitetos Werner Tscholl e Andreas Sagmeister com o objetivo de criar uma referência e um destaque maior para a empresa.

O ponto forte do novo projeto arquitetônico é uma estrutura metálica vazada, na cor verde (cor das uvas e folhas), que "envolve" uma segunda estrutura em vidro que delimita os espaços criados no nível térreo da construção, abrigando uma enoteca, uma área de degustação e uma segunda ala com os escritórios.

Lembrando ramos de vinhas, a estrutura se conecta à antiga construção da vinícola, preservada na ampliação e que segue o estilo característico do Tirol, o que agrega à marca a mensagem de "preservação" das origens e tradições.

A "malha verde" passou a ser a referência do projeto e da empresa e faz com que a vinícola seja reconhecida a distância, na estrada que liga a Itália à Áustria. A ampliação criou também espaços subterrâneos para abrigar a parte de produção e armazenamento do vinho.

---

3   Ibidem.

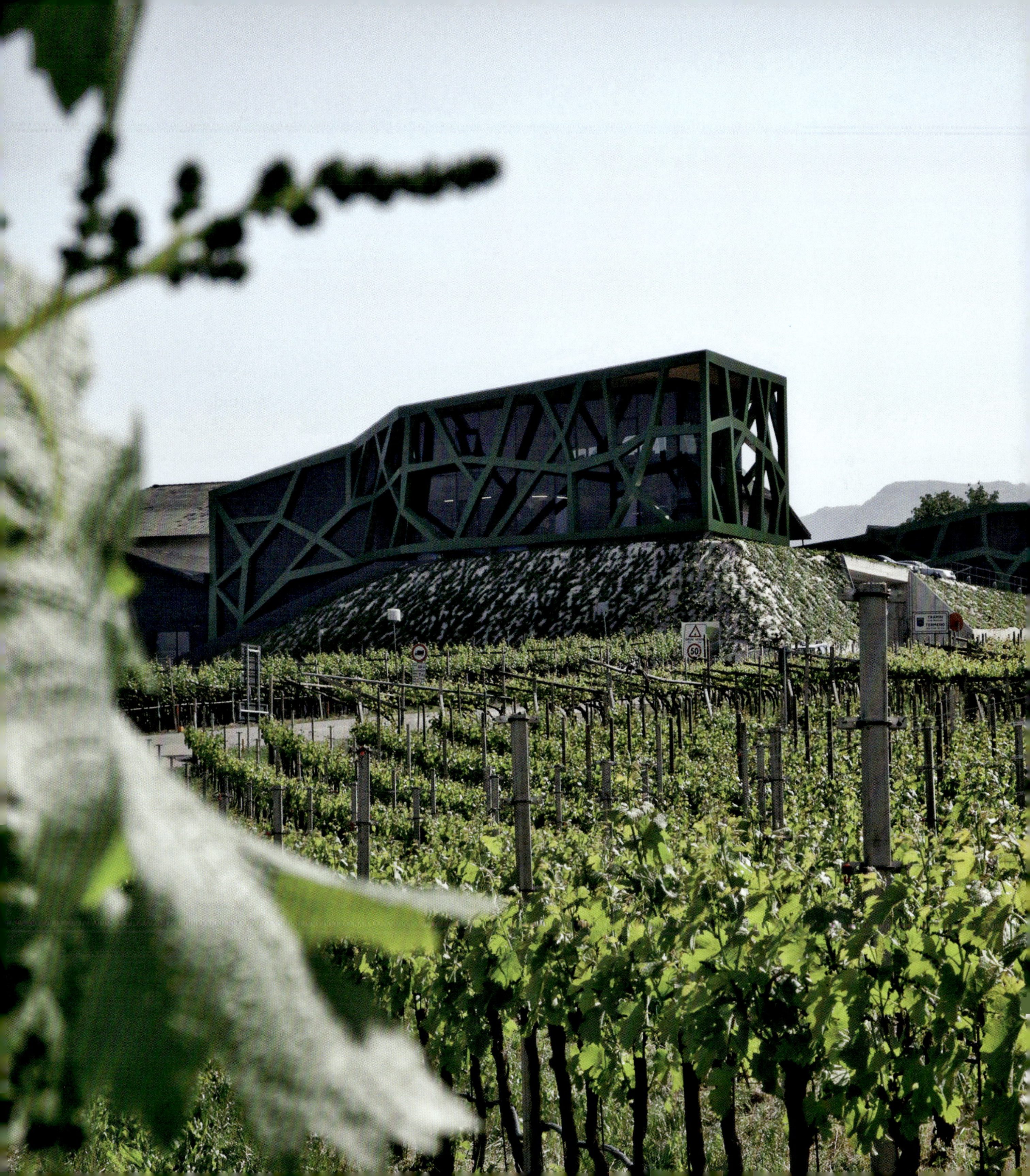

TRAMIN
TERMENO
50

Como reconhecimento da empresa e da marca, a "malha verde" se repete no interior da construção, buscando identificar a tecnologia e a inovação, representadas pela estrutura, aos produtos e serviços no interior da construção.

O teto branco repete as formas geométricas da estrutura, e as prateleiras de exposição das garrafas também mantêm as mesmas linhas retas em diferentes ângulos, repetindo o movimento da malha que se refere às vinhas.

As embalagens especiais em madeira também reforçam a marca, repetindo a mesma trama externa da estrutura.

A **SCHLUMBERGER**, vinícola produtora de espumante segundo o método francês de produção do *champagne*, é uma empresa com um forte *marketing* baseado na inovação.

Em algumas ocasiões as garrafas recebem rótulos personalizados, especialmente criados para o evento, que, na maioria das vezes, é destinado à classe social alta, com forte poder aquisitivo.

Em 1973, começou a ser dado um enfoque maior no visual do produto, e foi adotada uma imagem mais sofisticada, com uma garrafa com nova forma e em vidro transparente incolor, no lugar da tradicional garrafa esverdeada. Nesse mesmo momento foi adotado também um dourado mais intenso.

Nos anos 1990 o designer Willi Mitschka foi contratado para criar um símbolo de leveza e sofisticação. Foi criada uma fadinha, que virou marca registrada do produto; ela acabou passando por várias transformações ao longo dos anos até chegar a sua forma atual. Teria sido definido nesse momento que as mulheres seriam o público-alvo da empresa, que possui uma quantidade enorme de produtos relacionados e direcionados à mulher de alto poder aquisitivo.

Com um forte branding a empresa mostra uma marca rica, com produtos de acabamento impecável, afirmando assim que o seu espumante também é um produto de qualidade impecável e refinado.

19. Ergonometria, armazenamento e medidas básicas

A seguir algumas considerações e medidas básicas para quem quer saber um pouco mais sobre como armazenar seus vinhos, bem como onde seria a melhor opção para alguns casos específicos. Elas podem servir como um pequeno guia sobre o que se deve levar em conta quando se deseja criar um ambiente para guardar ou conservar as garrafas de vinho, ou sentar e degustar com amigos.

Conhecer um pouco mais o assunto é indispensável para saber o que é possível fazer sozinho e quando é necessário recorrer a pessoas especializadas.

Como já vimos, o vinho dentro das garrafas pode sofrer alterações decorrentes de:
- variação brusca de temperatura ou calor excessivo;
- movimento ou trepidação;
- baixa umidade do ar;
- luz forte e direta;
- odores fortes.

Essas variações são danosas para os vinhos, principalmente para os **vinhos de guarda**, ou seja, aqueles que devem ser conservados em local climatizado até que estejam prontos para ser consumidos.

CURIOSIDADE: vinhos de guarda são aqueles 10% da produção mundial que merecem ser guardados, pois ficarão ainda melhores com o passar do tempo. No entanto, a maioria dos vinhos no mercado, os outros 90%, devem ser consumidos no máximo em 5 anos após o engarrafamento.

Caso o consumo de vinho seja basicamente de vinhos mais novos, ou seja, **vinhos de consumo rápido**, que já foram engarrafados prontos para o consumo, não há necessidade de um local climatizado para guardá-los, mas sim de um espaço como um armário, buffet, bar, prateleiras, etc.

Simplificando bastante a questão, podemos dizer que é possível encontrar um tipo de geladeira, conhecida como adega, com o interior climatizado, especialmente feita para guardar vinhos que devem descansar por 1 ou 2 anos até que estejam prontos para o consumo.

Com design de certa forma sofisticado, diferentes acabamentos, tamanhos e capacidades, acrescentar em um projeto as adegas climatizadas existentes no mercado pode ser uma opção simples não só para os casos em que a quantidade de vinhos a ser estocada seja pequena, como também em situações em que a quantidade de garrafas seja maior, mas a concepção do projeto opte por utilizar vários tipos de adegas em vez de somente um espaço totalmente climatizado e transformado em adega.

As adegas climatizadas são excelentes locais para manter os vinhos sempre na posição horizontal, sem movimento, protegidos da luz direta (tem a porta escura) e sob condições térmicas constantes. A temperatura pode ser mantida entre 11 °C e 17 °C, e a umidade do ar constante em 70%. Nessas condições, as garrafas mantêm suas qualidades por mais tempo, além de aprimorar o sabor do vinho. Encontramos referências de adegas climatizadas que podem acondicionar de 8 a 200 garrafas; mas, como a tecnologia está sempre em desenvolvimento, fica difícil afirmar com total segurança quais capacidades estão à disposição hoje no mercado. Pesquisa é a solução!

As adegas que ocupam um espaço maior geralmente são encontradas em restaurantes, bares e hotéis, embora também existam em empresas e residências onde o proprietário é colecionador de vinhos. Essas adegas, independentemente do tipo de funcionamento escolhido, devem ser criadas por profissionais altamente qualificados, já que se trata de garantir condições climáticas constantes, e, caso não funcionem como se espera, podem envolver uma perda considerável de garrafas de vinho valiosas.

Construída pela Zanotti Refrigeração para o **COCO BAMBU**, de Ribeirão Preto, no estado de São Paulo, a adega do restaurante deixa suas garrafas à mostra, criando um centro cujo foco é o vinho que poderá ser ali consumido. O contraste das cores acrescenta mais luz à composição e os reflexos nos vidros criam movimento e interesse.

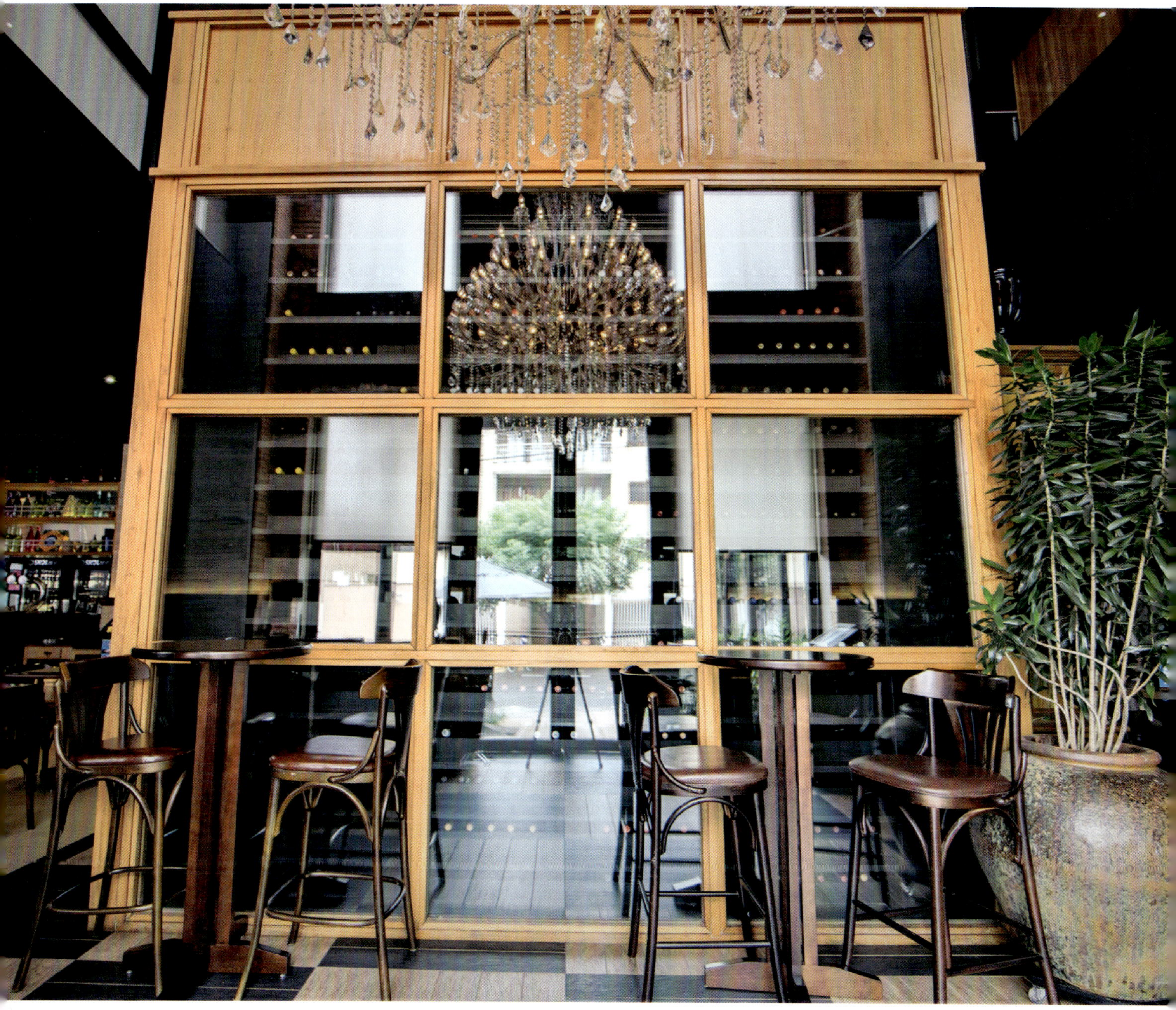

Adegas segundo o tipo de funcionamento

- **Adega passiva.** Como na concepção do design passivo, ela tem baixo consumo energético.[1] Seria como as antigas caves francesas, os cellars ou qualquer outro espaço para armazenar e manter os vinhos e que seja termicamente isolado pelas condições naturais de sua construção. Qualquer estrutura construída sob a terra, no subsolo ou porão, teria as paredes naturalmente isoladas. Esse tipo de adega tem sido explorado nas edificações das novas vinícolas pelo mundo afora, sendo parte da produção e do armazenamento realizada em construções subterrâneas, aproveitando, muitas vezes, o declive natural existente no terreno.

Para uso residencial, segundo a Zanotti Refrigeração, a adega passiva seria indicada para climas frios e úmidos, podendo-se aproveitar o porão, um quarto, um *closet*, ou qualquer outro ambiente, desde que protegido dos raios solares, e que tenha naturalmente as condições ideais de temperatura (entre 10 °C a 16 °C) e umidade do ar (entre 65% a 85%).

---

[1] Para outras informações sobre o design passivo, ver Gurgel, 2012.

Desvantagem: precisa ser construída corretamente ou não conseguirá manter a temperatura e a umidade corretas, ou, melhor, deve ser projetada por profissionais da área.

O wine bar **DAI TOSI**, instalado dentro de uma das antigas cavernas ou "sassi", na cidade de Matera, na Itália (ver foto p. 142), tem uma adega grande, passiva, instalada no último ambiente da gruta, e foi separada da área do bar por um painel de vidro. As garrafas descansam na horizontal sobre os degraus da escadaria criada pelo arquiteto, os quais servem tanto para apoiar as garrafas como para sentar. As pedras onde estão os vinhos foram entalhadas à mão, criando um rebaixo padrão que evita que as garrafas rolem de um lado para outro e garantem que a rolha fique sempre em contato com o vinho.

- **Adega termoelétrica.** Criada na Europa, é bastante econômica, pois usa a troca de calor com o ambiente externo. Precisa de pouca energia elétrica, e suas placas cerâmicas absorvem o calor e o expelem para o exterior, sem as indesejáveis vibrações ou barulho inconveniente.

Ainda segundo a Zanotti, seria indicada para quem não tem espaço sobrando, não quer fazer reformas e precisa da temperatura de 10 °C para seus vinhos.

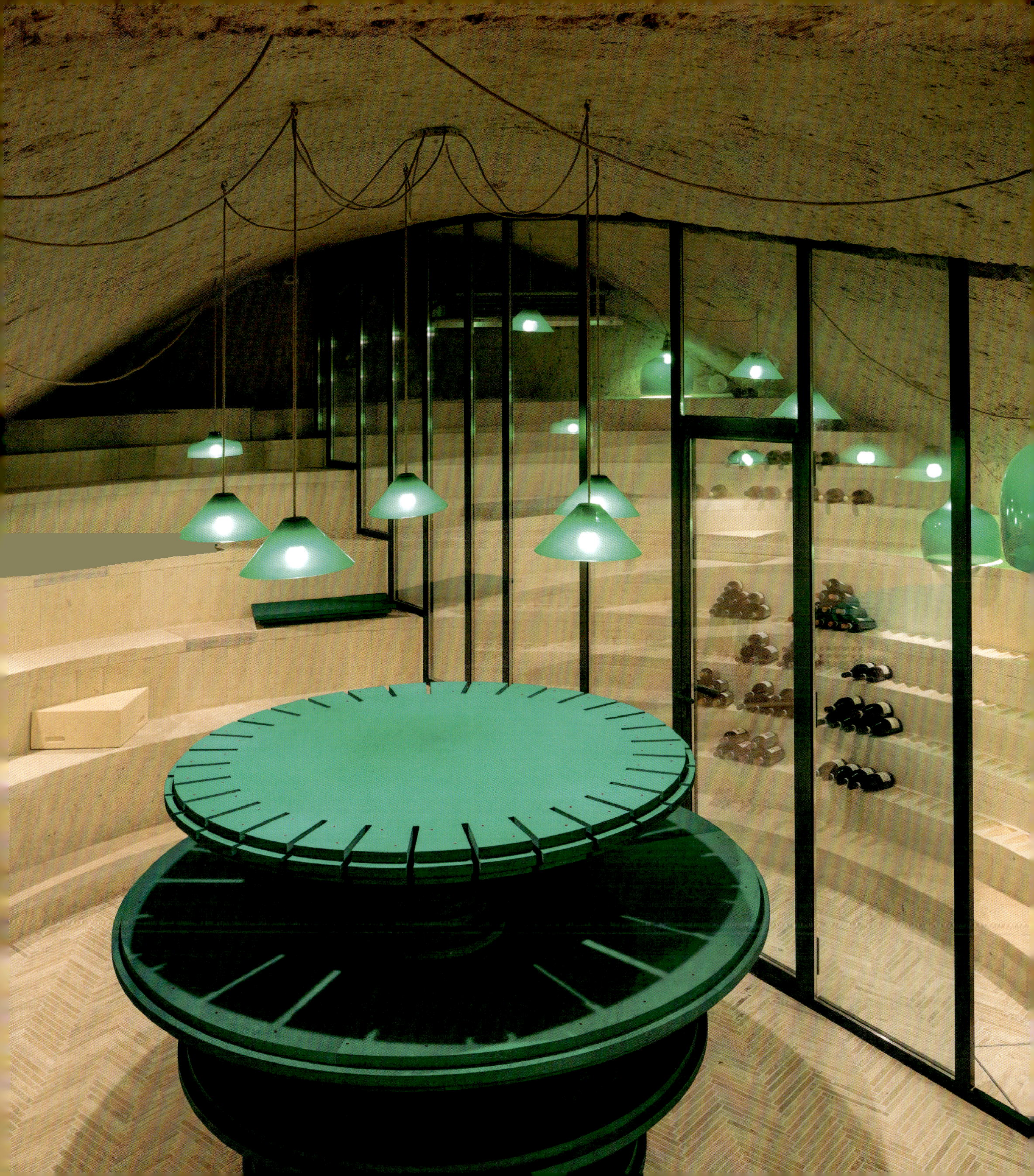

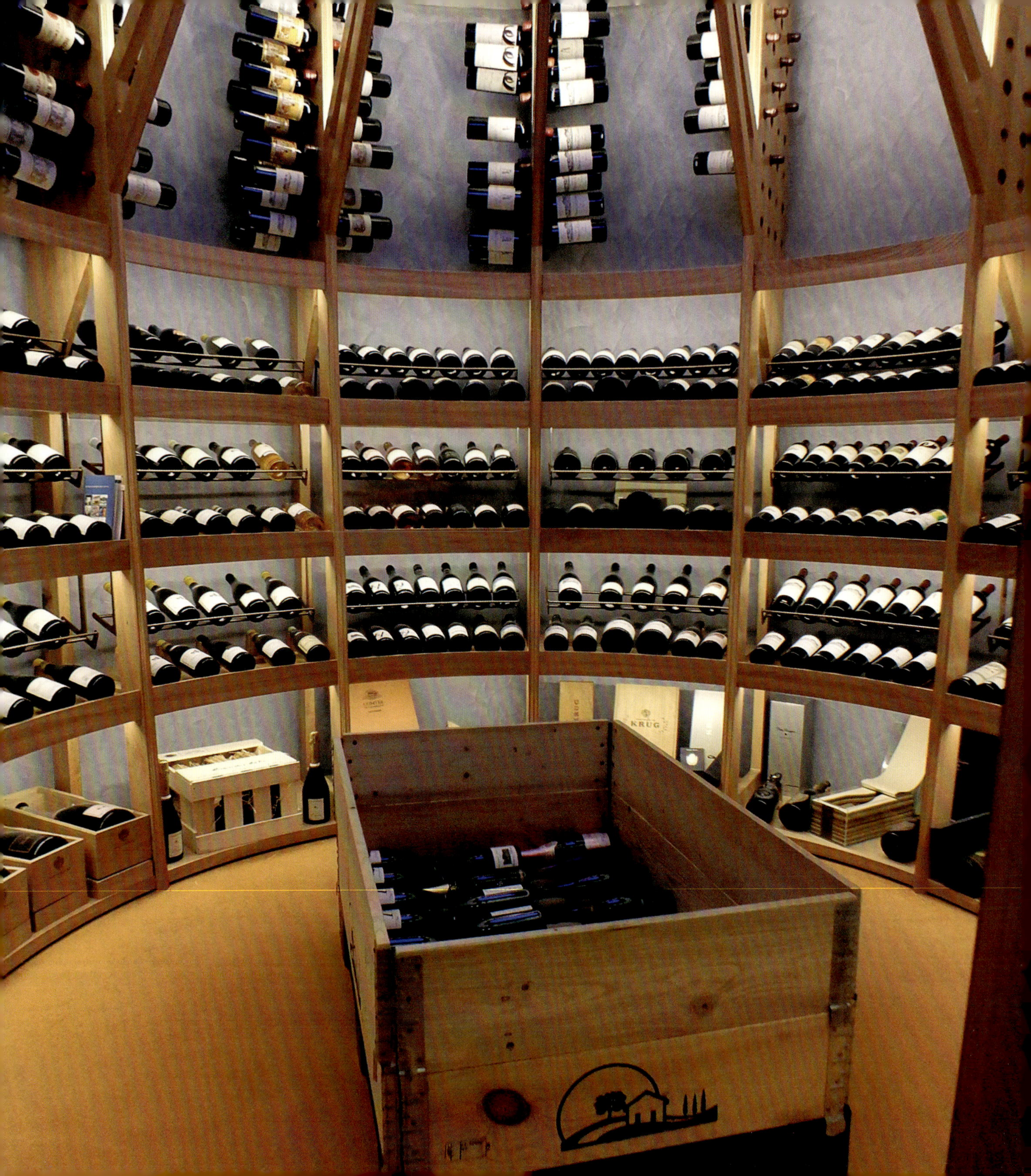
KRUG

Desvantagem: não é boa em climas quentes, já que funciona com troca de temperatura com o exterior, e também em ambientes que passam por grandes variações de temperatura.

A **TENUTA BIODINAMICA MARA** em San Clemente, Itália, tem toda a estrutura da vinícola climatizada pelo processo termodinâmico, que foi executado pela empresa italiana Climatec.

A adega particular do proprietário é composta por diferentes vinhos armazenados de distintos modos. Seja em prateleira, estruturas metálicas, caixas de madeira ou apoiadas em furos recortados nas estruturas verticais, as garrafas estão sempre mantidas na horizontal. O acesso é por um portão de ferro batido que permite que o ar circule e garante que a climatização alcance cada garrafa.

- **Adega com compressor.** Totalmente diferente das duas outras opções, já que não depende do clima externo, essa adega precisa de ambiente hermeticamente fechado e climatizado com o uso de um compressor, como uma grande geladeira. Alguns modelos oferecem a opção de variar a umidade do ar e a temperatura para as diferentes prateleiras, e podem ser encontrados em diferentes capacidades e preços. Ideal para quem tem vinhos valiosos e vive em uma região com clima muito quente.

Desvantagem: deve-se avaliar o custo-benefício, pois pode ser barulhenta, vibrar um pouco e consumir muita energia elétrica.

Design de adegas e espaços de degustação residenciais

Para as residências existem algumas considerações diferentes daquelas avaliadas para os estabelecimentos comerciais. Para as empresas, por exemplo, as adegas tendem a ser maiores e seguir o estilo dos demais ambientes do projeto. O público-alvo e a viabilidade econômica para o design comercial poderão ser bastante diferenciados dos residenciais.

CURIOSIDADE: "Se você compra seis garrafas por mês e consome apenas metade delas, ao final de um ano precisa ter espaço para guardar mais de 30 garrafas na adega. Dessa forma, uma de 50 lugares ficará abarrotada em pouco tempo" (GRIZZO, 28-3-2016).

Fatores a serem considerados no design

Fatores comportamentais

- Como prefere beber o vinho? Sozinho, com a família, com amigos, em reuniões em casa ou em um espaço especialmente criado para degustar em grupo? Essas diferentes condições ditam as diretrizes do design, influenciando não só o local escolhido para colocar os vinhos, como também a quantidade e o tipo de móveis e, principalmente, as características espaciais do ambiente destinado ao consumo.
- Que tipo de vinho é consumido? Se a preferência for por vinhos que melhoram com o tempo e que devem ficar guardados antes do consumo, com certeza será necessária uma adega climatizada; a quantidade de garrafas definirá o tamanho do climatizador ideal.
- Qual a importância dada ao ritual do vinho? Quanto mais próximo de um especialista da bebida e quanto maior for o interesse no assunto, maiores serão as chances de que pelo menos uma adega (geladeira) será realmente necessária. As pessoas que bebem porque gostam, mas não têm grande interesse na "cultura do vinho", estarão contentes com um local para guardar as garrafas sem grandes restrições. Essa informação ajuda na composição da área de degustação, já que esse ritual pode ser simples para uns e bastante requintado e formal para outros.
- A harmonização é importante? Se for, é preciso mais espaço para as diferentes garrafas!
- Com que frequência os vinhos são comprados e em qual quantidade? Unidades ou caixas de vinho farão toda a diferença na hora de alocar espaço para estocar as garrafas.
- Existe interesse em formar uma adega de expressão, ou seja, com os vinhos separados por países, tipos, etc.? Pretende se tornar colecionador? Essa informação influenciará o design final do espaço para posicionar os vinhos, na setorização das garrafas e disposição final do layout do projeto.
- Caso existam vinhos de guarda para serem estocados, qual o tipo de funcionamento que gostaria para a adega?

Fatores espaciais

- Onde gostaria que a adega estivesse posicionada? Em algum ambiente específico ou em um local especialmente criado para ela?

- A que altura prefere estocar as garrafas? Sempre acessíveis ou em níveis mais altos?
- Garrafas ficarão expostas ou fechadas?
- No caso de adegas climatizadas, prefere que ela esteja à vista ou que seja embutida?

Cuidados

- Evite locais com incidência de sol. O móvel ou as prateleiras não podem receber sol direto.
- Cuidado com locais sujeitos ao calor, como em cima da geladeira. O ar quente produzido pelo motor sobe e aquece a parte alta da geladeira, podendo aquecer os vinhos que estiverem ali.
- Evite a proximidade de locais onde são guardados produtos de limpeza.
- Verifique se, na escada, o "sobe e desce" é intenso, já que a vibração causada pela movimentação poderá prejudicar os vinhos estocados sob ela.
- Procure proporcionar espaço para armazenagem das garrafas na horizontal para, pelo menos, a maioria dos vinhos.
- As lâmpadas não devem ficar acesas o tempo todo. Quanto menos luz direta ou indireta melhor, mas enxergar os rótulos dos vinhos será fundamental. Se quiser criar algum efeito, opte por LED, que não emite nenhum calor, e posicione de modo a não incidir diretamente nas garrafas. Lembre-se de que quanto mais iluminação decorativa, mais será criada uma atmosfera de local comercial, principalmente se a adega tiver portas de vidro que deixam as garrafas expostas. Caso o efeito desejado para o design seja exatamente esse, já sabe como criá-lo.
- Escolha adegas climatizadas que façam pouco barulho e apresentem baixa vibração. Elas irão interferir menos no resultado final do design.

Localização residencial

A localização da adega em uma residência dependerá de como a família se relaciona com o vinho. Se optar por colocar dentro de uma despensa ou armário já existentes, certifique-se de que não existe infiltração nem pontos de mofo, e que o compartimento não é composto por uma parede externa, que recebe o sol da tarde, por exemplo, e esquenta, o que poderia danificar os vinhos.

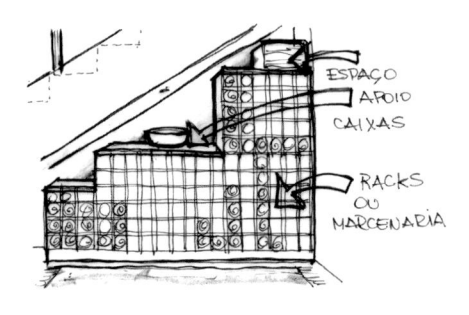

Sob a escada. Já que esse espaço geralmente abriga armários ou uma mesa de escritório, porque não abrigar uma adega? O único inconveniente desse local é a vibração causada pelo "sobe e desce", mas para vinhos de consumo rápido não haveria nenhum problema. Adegas climatizadas podem também ser construídas embaixo da escada, tomando o cuidado de minimizar ao máximo a vibração. Podem ser executados móveis sob encomenda ou mesmo ser criada uma versão com um ou mais "racks" componíveis, industrializados, que podem ser comprados por unidade e em diferentes modelos, materiais e cores. A instalação de uma adega climatizada, de pequena ou média capacidade, também pode complementar a variedade dos vinhos que poderão ser guardados, mas não esqueça de escolher a que vibre o menos possível, porque esse local já está sujeito a movimentação.

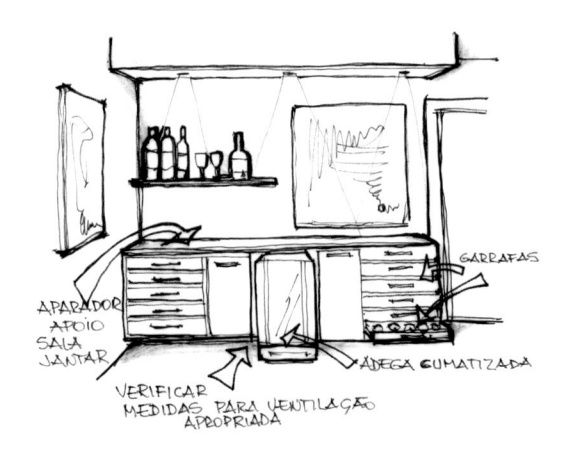

Junto à sala de jantar. Para aqueles que adoram combinar o vinho com a comida, em jantares, por exemplo, essa seria uma boa localização, já que ter o vinho à mão facilita bastante o aspecto funcional do ambiente, além de ajudar na sua composição visual. Pode estar exposta, em adegas climatizadas sob um aparador ou ainda em gavetas. Nesse caso, a criação de uma boa circulação, ou seja, uma movimentação correta das pessoas e acesso fácil aos vinhos, não pode ser esquecida. Lembre-se de verificar os espaços exatos de ventilação exigidos para a adega climatizada.

No living, próximo à varanda ou alfresco, ou mesmo em um *"family room"*. Esses são locais interessantes para quem prefere sentar com amigos e relaxar, usando as mesas ou as próprias poltronas que já estão no ambiente. A adega pode estar composta em um canto ou em um nicho, e ali podem estar todos os equipamentos para a degustação do vinho. A opção por um ambiente só para a degustação é bastante válida para residências com muito espaço disponível para a socialização, e pode ter um design especialmente criado para uma "sala adega".

Seja qual for o espaço para o qual será criada uma adega, alguns cuidados referentes ao design devem ser observados:

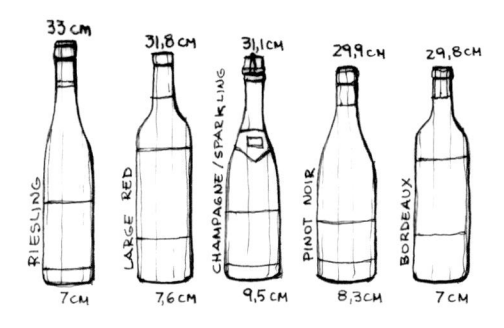

O tamanho das diferentes garrafas de vinho é um fator a ser considerado em adegas mais sofisticadas, que geralmente devem separar os vinhos por países, regiões, etc. Alguns vinhos brancos, por exemplo, chegam a ter de 31 cm a 36 cm de altura, com um diâmetro de 6 cm a 7,5 cm. Mas, para a maioria dos casos, podemos tomar como base – para efeito de cálculos de capacidade e espaços específicos em prateleiras e módulos – as medidas de uma garrafa de 750 ml e considerar a medida de 30,5 cm como altura e 7,6 cm como diâmetro (medidas quebradas por serem convertidas de polegadas).

Assim sendo, podemos considerar para o espaço físico necessário para armazenar uma garrafa, com facilidade, os valores 35 cm × 10 cm. Estaremos cobrindo quase todas as medidas de racks do mercado e podemos então calcular, com antecedência, quantos nichos e/ou quantas gavetas precisaremos para a quantidade de vinhos que se pretende manter na adega. Ou, ao contrário, se o espaço é limitado, podemos saber quantas garrafas de vinho podem ser nele armazenadas.

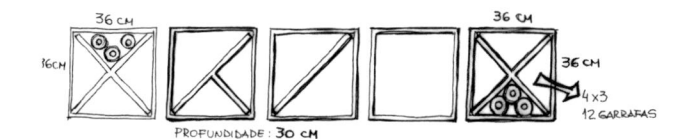

Para garantir um bom acesso, sem problemas, será necessário respeitar algumas limitações do corpo humano. O máximo que uma pessoa pode alcançar, sem precisar de escada ou banquinho, pode ser visto na ilustração; mas podemos sempre adaptar ao usuário e confirmar as medidas específicas para ele (ver GURGEL, 2003).

LEMBRE-SE DE QUE:
Abrir uma gaveta ou uma porta exige espaço para que o corpo se movimente. Se criou um problema, resolva: por exemplo, se foi preciso colocar garrafas ou caixas de bebida em alturas acessíveis somente com um banco, considere um local para guardá-lo no ambiente ou móvel. Um design funcional é muito mais interessante.

Trabalhar com módulos componíveis pode ser uma boa opção para organizar uma adega. No exemplo, cada módulo consegue armazenar uma dúzia de garrafas, que poderiam ser divididas em 4, 3, 2 ou 1 tipo de vinho. Com um sistema similar, fica fácil aumentar ou diminuir uma coleção de vinhos conforme a necessidade, além de permitir a composição de cores, materiais e tamanhos. São inúmeros os modelos e tipos de módulos que podem ser elaborados no momento da criação de um design diferenciado e personalizado.

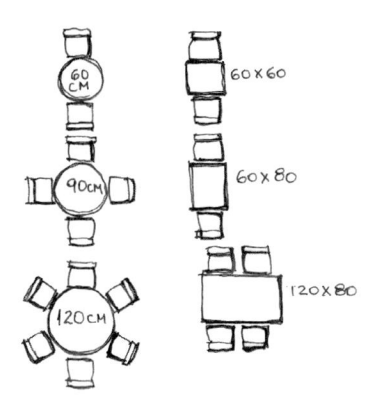

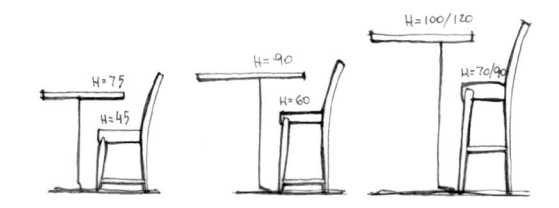

As mesas e os bancos podem variar consideravelmente em tamanho e altura. Quando da escolha de um modelo para um projeto devemos levar em consideração a maneira como o mobiliário será utilizado, ou seja, para refeições ou para uma agregação de amigos (GURGEL, 2007).

- Mesas redondas comportam mais pessoas ao redor delas, enquanto as quadradas ou retangulares podem ser agrupadas.
- As mesas podem ser fixas ou extensíveis, e com alturas variáveis: 40 cm a 50 cm (de centro), 50 cm a 60 cm (laterais), 70 cm a 75 cm (jantar), 90 cm a 120 cm (mesa com altura de balcão).
- Bancos ou cadeiras devem sempre ser 30 cm mais baixos do que o tampo das mesas e bancadas, para que se possa comer e beber com os movimentos corretos dos braços e para que as pernas não fiquem apertadas debaixo do tampo.

A altura das mesas também exerce grande função no design importante ao comportamento das pessoas. Quando as mesas são altas, por volta de 100 cm a 120 cm do piso, elas permitem que mais pessoas em pé se juntem ao grupo que está sentado e ali permaneçam, já que essa altura será perfeita para apoiar os copos e utilizar a mesa com grande conforto.

15. Vinho e as novas vinícolas

O vinho data de muitos séculos, como sabemos, e as vinícolas desde então estiveram relacionadas somente à existência de uma grande extensão de terra, a muito trabalho e ao investimento de uma quantidade enorme de tempo.

A arquitetura das antigas vinícolas artesanais da região de Trás-os-Montes, em Portugal, preserva a história do vinho do Porto, do design de uma época bastante longínqua, e, cada vez mais, contrasta com a modernidade das vinícolas tecnológicas que se multiplicam pelo mundo.

Construções seculares são representantes de antigas soluções arquitetônicas, materiais, costumes e formas de produção de uma bebida que vem aumentando ainda mais sua apreciação pelo mundo. A funcionalidade dessa arquitetura prevalecia, e as edificações não mostravam muito interesse em sua parte estética; o foco era a própria produção.

A FUNCIONALIDADE AINDA CONTROLA A ESSÊNCIA DO DESIGN DAS VINÍCOLAS. AFINAL, TODO O DESIGN GIRA EM TORNO DE UM PROCESSO DE PRODUÇÃO ESPECÍFICO E PREDETERMINADO.

O que vem mudando no design das novas vinícolas está diretamente ligado à tecnologia, às construções de baixo consumo energético e à biodinâmica, uma vez que essas áreas vêm avançando a olhos vistos e ditando alterações referentes à própria base do design, ou seja, o plano ou as diretrizes para sua aplicação.

As preocupações básicas em um projeto ainda são as mesmas: tudo o que envolve o processo produtivo e suas etapas. Portanto, o conhecimento do processo deve estar na "ponta da língua" dos profissionais.

Somente conhecendo o que realmente acontece em cada etapa é que será possível saber quais as condições térmicas, ou seja, o **conforto ambiental** da construção em cada espaço que será criado.

A aplicação do design passivo

Grande parte dos novos projetos apresentam uma parte da construção subterrânea, podendo aproveitar ou não o declive natural do terreno. Agindo dessa forma, a proteção da terra é utilizada como isolante térmico, evitando a propagação do calor através das paredes (aquecimento irradiante) que receberiam do sol durante o dia. Sabemos, por exemplo, que a iluminação natural direta e o sol são inimigos dos vinhos; então, nada mais apropriado do que a utilização de iluminação indireta, difusa e controlada, além de lâmpadas que não aumentem ainda mais o calor nos ambientes. Portanto, ao estabelecer a vinícola é preciso considerar também o movimento solar e a ventilação natural. Evitar o sol direto da tarde e considerar o isolamento térmico adequado são quesitos que não devem ser esquecidos e podem ser constatados já nos novos projetos.

Conhecendo as etapas do processo, como o que acontece na fermentação, também ajuda a evitar problemas, no caso, com os gases produzidos, principalmente quando os espaços criados para os tonéis são fechados. A grande maioria das antigas vinícolas portuguesas, por exemplo, mantém os tonéis cobertos, mas com uma ótima ventilação natural. As mais modernas, como a Tenuta Biodinamica Mara, na Itália, têm todos os seus tonéis em salas fechadas, mas com um sistema tecnológico de ventilação.

Ventilação cruzada e o efeito chaminé podem, e devem, ser utilizados em uma política de baixo consumo energético.

A parte externa, ou seja, a parte visível das novas construções, abriga espaços para lojas, degustação, restaurantes, escritórios, galerias, ou qualquer outro ambiente que seja criado para atrair público para a vinícola.

Muitos outros espaços devem ser previstos, como uma área para os funcionários, para os depósitos e o maquinário. Essas áreas irão variar dependendo do tipo de vinícola.

Contudo, os fatores que mais vêm se modificando são a importância do aspecto visual e estético das vinícolas, a necessidade da criação de uma imagem e marca fortes e seu branding (ver "Branding e merchandising", p. 185).

EM UM UNIVERSO BASTANTE COMPETITIVO, O DESIGN DA ARQUITETURA, DA FACHADA E O DESIGN DE INTERIORES PASSARAM A SER UMA FORÇA DE MARKETING.

Cresce a escolha de arquitetos mundialmente importantes, como Norman Foster (Chateau Margaux, na França), Frank Gehry (Vinícola Marques de Riscal, na Espanha) e Renzo Piano, para criar distinção não somente quando se trata de marca, mas também como referencial na paisagem.

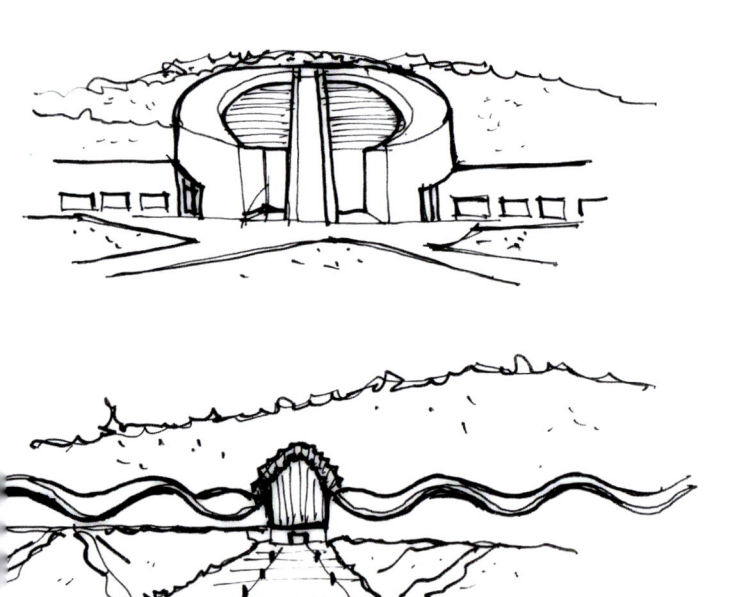

O design diferenciado das novas vinícolas acaba transformando a sede das empresas em ícones da arquitetura, como a **Petra Winery**, na Toscana, Itália, com projeto do arquiteto suíço Mario Botta, e a **Cantina Ysios**, na Espanha, com projeto de Santiago Calatrava.

> AS VINÍCOLAS DEIXARAM DE SER "SOMENTE" UM LOCAL DE PRODUÇÃO – COMO SE JÁ NÃO BASTASSE –, PASSANDO A SER TAMBÉM LOJA, LOCAL DE DEGUSTAÇÃO, RESTAURANTE, HOTEL, SPA, GALERIA DE ARTE OU QUALQUER OUTRA ATIVIDADE QUE TRAGA DESTAQUE E PÚBLICO EXTRA À VINÍCOLA. MAIS UMA ESTRATÉGIA DE MARKETING!

Embora todo o enfoque dado ao projeto das vinícolas, à sua estética, à tecnologia empregada e ao tipo de produção utilizado, o **modo tradicional** de pisar as uvas para extrair seu suco ainda ocorre em vinícolas artesanais de Portugal, técnica que acaba por atrair curiosos de todos os continentes interessados em vivenciar o processo da produção do vinho artesanal. Pisar as uvas passou a ser uma experiência de conhecimento de uma técnica em extinção.

A **Quinta de Casaldronho**, em Lamego, no coração do Rio Douro em Portugal, está situada em uma propriedade com 24 hectares, dos quais 15 hectares estão cobertos por vinhas.

Datando do século XVIII, mesma época em que ocorreu a primeira demarcação da área que poderia ser utilizada para a produção do vinho do Porto, foi adquirida posteriormente, em 1885, pela família Martins, que atualmente conta com sua quarta geração no controle da propriedade.

Após um incêndio, em 1985, que destruiu parte da casa principal, o arquiteto português Branco Cavaleiro, a pedido da família Martins, recuperou a antiga casa e a transformou em um **WINE HOTEL**.

O projeto arquitetônico é bastante interessante e destaca a construção de seu entorno. A rigidez das linhas retas e do branco da nova construção interage com as linhas da antiga casa, ao mesmo tempo que contrasta com a suavidade das curvas das colinas e das cores dos vinhedos.

O conjunto das edificações faz uma passagem suave da tradição da arquitetura da capela, século XIX, que sobreviveu ao incêndio, à modernidade da nova construção com seu estilo contemporâneo.

Sucesso também graças ao uso de materiais e texturas que "ligam" o novo edifício ao terreno. Uma piscina na cobertura da nova construção completa o projeto, favorecendo uma vista que se perde nos vinhedos.

As novas vinícolas americanas também seguem a mesma tendência e se multiplicam em grandes projetos com design e soluções que valem a pena observar.

A **BRECON WINERY**, na Califórnia, passou por um projeto de remodelação, levada a cabo pela Aidlin Darling Design, de São Francisco, e venceu o Merit Design Award for Architecture de São Francisco, em 2016.

O projeto da Brecon foi pensado diferentemente dessa tendência de ostentação e grande escala. Seguiu-se a tendência preferida pelas vinícolas menores, ou seja, a de tratar os espaços que envolvem o projeto em uma escala mais pessoal e intimista, refletindo assim o conceito da vinícola: uma empresa que vende seus vinhos somente em sua loja e sala de degustação, e que oferece uma área para os visitantes realizarem piqueniques ou cerimônias.

Executado em fases, o projeto cuidou primeiramente de dar um *"facelift"* na área de produção existente e na sala de degustação. O novo design buscou retornar à simplicidade do campo, utilizando materiais naturais em uma composição muito interessante, que procurou conectar o edifício ao seu contexto, à terra e às vinhas onde está implantado.

As paredes foram cobertas por um gesso feito com a terra do lugar, e foi utilizada uma malha de cedro que envelhecerá e trará de volta um pouco das antigas estruturas agrárias da Califórnia.

O arquiteto procurou utilizar o design sensorial, buscando texturas que estimulem a sensibilidade, bem como a transparência no jogo do dentro e fora, trazendo os vinhedos para dentro dos espaços.

Um dos pontos fortes de algumas vinícolas está na biodinâmica, ou seja, produzir vinho sem a utilização de agrotóxicos ou qualquer outro produto que não seja natural. Essas vinícolas, como é o caso da **TENUTA BIODINAMICA MARA**, em San Clemente, Itália, apostam em um vinho sem aditivos e diferenciado.

Para que essa escolha pudesse ser integrada ao projeto arquitetônico, algumas diferenciações

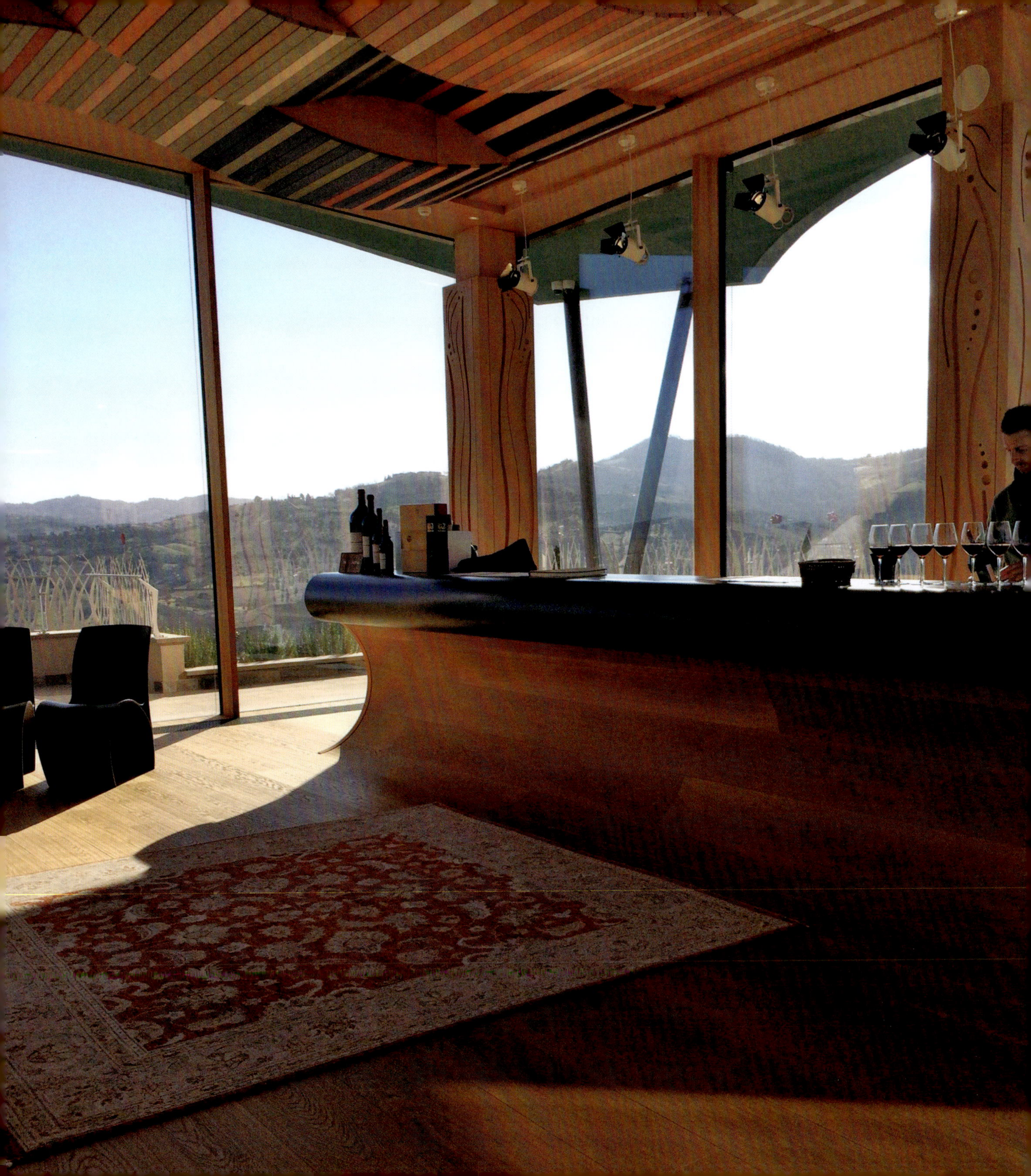

tiveram de ser feitas nos espaços reservados às etapas da plantação à produção.

As uvas não são esmagadas como normalmente ocorre. Consequentemente, a produção da vinícola é menor com a utilização da mesma quantidade de uvas caso seguisse o processo normal. Essa vinícola produz uma quantidade restrita de vinho Sangiovese.

Em todo o processo, da transferência das uvas até o produto final, o vinho é feito usando a gravidade. O terreno em declive facilitou bastante essa implementação. Na parte externa, mais alta, encontra-se a sala de degustação, com um piano de calda e obras de arte com uma vista de 360 graus, proporcionada pelos painéis de vidro. O restante do projeto foi implantado nos subterrâneos, facilitando assim o transporte de uma etapa à outra por "queda natural" e, consequentemente, menor consumo energético.

O espaço reservado à fermentação foi especialmente tratado; o aquecimento geral da vinícola é todo feito através do piso; e a área destinada ao envelhecimento do vinho nas garrafas foi planejada cuidadosamente, com cavidades especiais dentro das paredes onde estão apoiadas as garrafas com rolhas (ver pp. 62-63).

Os tonéis de fermentação foram pintados por artistas locais, e as paredes externas receberam pinturas como que afrescos na cor do vinho, também de artista local.

A vinícola é também uma galeria de arte privada onde esculturas, peças de mobiliário e quadros decoram as paredes e os campos com as vinhas.

A sala de degustação é toda em vidro tratado para evitar a entrada de muito sol, além de contar com proteção extra de tela para dias muito ensolarados.

O teto de madeira em ondas foi especialmente projetado visando um tratamento acústico, bem como os cantos arredondados do balcão de degustação e os painéis móveis em madeira, que abraçam os pilares e que devem ser abertos quando a sala se transforma também na sala de música, pois ali se encontra o piano de calda.

Todo o projeto teve o conceito e detalhes definidos pelo proprietário da empresa, que não somente escolheu os artistas e o arquiteto locais, mas também definiu o que deveria acontecer em cada espaço e área do projeto.

A China está se tornando um dos maiores produtores de vinho. E, com o crescente aumento de novas vinícolas que pouco a pouco se espalham pelo país, novas formas estão passando a fazer parte da paisagem chinesa.

De estilos que lembram os *châteaux* franceses a construções com arquitetura

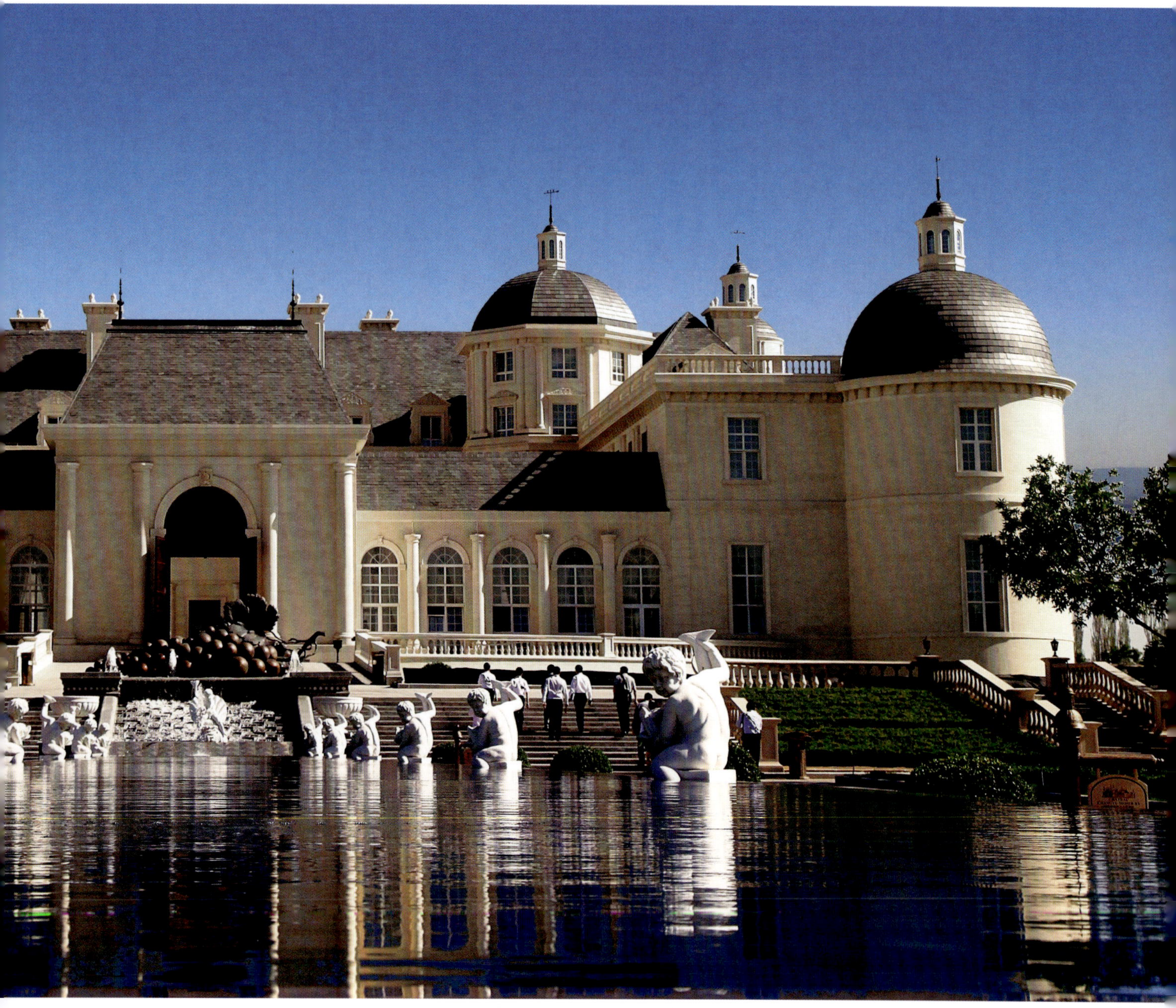

contemporânea, as novas vinícolas têm uma coisa em comum: marcar presença e atrair público. Assim sendo, além de abrigarem a produção do vinho, também oferecem centros tecnológicos e interativos, bem como spas, resorts e tudo o que esteja ligado ao conforto e ao requinte.

CHÂTEAU CHANGYU MOSER XV, situado em Yinchuan High e na New Tech Development Zone (nova zona de desenvolvimento tecnológico), em Ningxia, é um complexo de alta qualidade de produção de vinho, com espaços para exposições culturais, degustação, conferências, eventos, tudo em um mesmo local. Está entre as vinícolas pertencentes à companhia Changyu Pioneer Wine Company, a maior e a mais antiga produtora de vinho na China (desde 1892) e que é um exemplo bastante significativo da tendência chinesa de produção de vinho.

A vinícola foi construída com um estilo baseado nos *châteaux* da região de Bordeaux, na França. Embora as versões francesas possam, na sua maioria, ser bastante simples e não construções grandiosas, a versão chinesa é realmente grande, poderosa, ostentando riqueza, luxo e história.

Château é um termo que implica tanto a construção onde mora o proprietário da terra e sua família como a totalidade da área plantada com as vinhas. Esse significado, utilizado para a região vinícola de Bordeaux, se aplica também ao contexto chinês.

Esse tipo de construção passou a ser comum em meados do século XVIII e teria passado por um verdadeiro *boom* em meados do século XIX, com o prestígio dos vinhos da região de Bordeaux (classificação de 1855). No caso chinês, a grande construção abriga a produção dos vinhos e todos os outros espaços que compõem o complexo, rodeado por uma enorme plantação de vinhas.

A produção chinesa de vinho é basicamente consumida na própria China, maior país consumidor de vinho do mundo. No entanto, o vinho produzido pelo Château Changyu Moser XV, com a colaboração de Lenz M. Moser (renomado enólogo austríaco), deixou de ser saboreado somente pelo público chinês amante de vinho e passou a ser o primeiro vinho chinês a ser exportado para a Inglaterra.

16. O vinho e as artes

> SÊ MODERADO NO BEBER, CONSIDERANDO QUE O VINHO EM EXCESSO NEM GUARDA SEGREDOS, NEM CUMPRE PROMESSAS.
>
> CERVANTES, *DON QUIXOTE DE LA MANCHA*, "DOS SEGUNDOS CONSELHOS QUE DEU DON QUIXOTE A SANCHO PANÇA".

O vinho está muito presente nas artes. Se observarmos com cuidado, está nos filmes, nos quadros, nas poesias, nos livros, nos mosaicos.... Ou seja, por toda a parte!

Filmes e séries televisivas

> UM BOM VINHO É COMO UM BOM FILME: DURA UM MOMENTO E DEIXA UM SABOR DE GLÓRIA EM SUA BOCA; É NOVO EM CADA GOLE E, COMO NO CINEMA, NASCE E RENASCE EM CADA SABOR.
>
> FEDERICO FELLINI

São inúmeros os filmes e vídeos para quem quer se tornar sommelier, ou mesmo para aqueles que querem somente "conhecer um pouco mais" sobre o mundo do vinho enquanto se divertem. Neste capítulo ficamos com a segunda opção: divertimento e vinho – Não poderia ser diferente!

Entre tanto, que tal ver ou rever alguns deles?

Entre umas e outras, de 2004, por exemplo, é um filme sobre dois amigos que viajam antes que um deles se case. Nessa viagem o mundo do vinho é divertidamente visitado, trazendo de degustações formidáveis a metáforas que envolvem vinho, diversão e aprendizado.

Um bom ano, de 2006, com Russell Crowe, é uma viagem por uma vinícola francesa. Bastante interessante para quem quer saber mais como é viver entre vinhas.

O julgamento de Paris, de 2008, é muito divertido. Mostra a região de Napa Valley, nos Estados Unidos, além de brincar com britânicos, franceses e americanos, e suas diferentes culturas.

O Borgo di San Giuliano, perto da Ponte de Tiberio, em Rimini, Itália, é um dos locais amados pelo famoso cineasta italiano **Federico Fellini** (1920 – 1993) que, embora tenha nascido em Rimini, viveu pouco tempo ali, passando a maior parte de sua vida em Roma.

Fellini, reconhecidamente aclamado em todo o mundo, foi diretor de cinema e roteirista, tendo recebido quatro prêmios Oscar por seus filmes e um Oscar honorário.

Caminhar por entre as casas do Borgo é relembrar o famoso filme do cineasta riminense *Amarcord* (1973).

A **OSTERIA DE BORG** está situada bem ali, entre as casas coloridas do Borgo que retratam, em afrescos, os personagens e cenas de filmes de Fellini, como, por exemplo, *Noites de Cabíria*, *A doce vida*, *Amarcord*, *Os palhaços*, entre tantos outros.

Tonino Guerra (1920 – 2012), escritor, poeta, escultor, pintor, amigo e colaborador de Fellini em *Amarcord*, é o responsável pelos diversos tecidos coloridos estampados que decoram o teto do restaurante e que fazem lembrar os tradicionais varais italianos. O museu Santarcangelo di Romagna, em sua cidade natal, berço do famoso vinho italiano **Sangiovese**, exibe todas as faces desse artista.

NA PAREDE, JUNTO AO ESPELHO, ESTÁ ESCRITO *"L'AQUA LA FA MÊL... E' VEN E' FA CANTÊ"* EM DIALETO ROMAGNOLO, AFIRMA: "A ÁGUA FAZ MAL... O VINHO FAZ CANTAR".

Não são poucas também as séries televisivas que fazem do vinho um parceiro para suas histórias.

Frasier, série americana filmada em Boston, é uma comédia que foi ao ar de 1993 a 2004.

L'ACQUA
LA FA` MÊL...
E' VEN E'
FA CANTÊ...

Da Proverbi
"Romagnoli"

Nessa série os irmãos psiquiatras Frasier e Niels são apreciadores de um bom café e, principalmente, de um bom vinho. Ambos se julgam sommeliers e experts em vinho. São colecionadores e disputam, como em todos os outros aspectos de suas vidas, qual dos dois seria o melhor *connoisseur*.

Columbo, outra série bastante antiga (anos 1970), mas que continua sempre interessante pela falta de tecnologia e pelo uso da astúcia para resolver crimes. No episódio "Any Old Port in the Storm" um *connoisseur* e produtor de vinho mata o irmão para evitar que ele venda a vinícola da família. Praticamente todo o episódio se passa no mundo do vinho!

A série inglesa *Midsomer Murders* teve dois episódios dedicados ao vinho, "Hidden Depth", de 2005, e "A Vintage Murder", de 2015, em que mostra a versão inglesa de uma vinícola, além do tradicional e fantástico interior da Inglaterra.

Literatura

UMA GARRAFA DE VINHO CONTÉM MAIS FILOSOFIA DO QUE TODOS OS LIVROS DO MUNDO.

LOUIS PASTEUR

Os primeiros escritos que mencionam ou falam de vinho datam de muitos anos antes de Cristo, como é o caso da obra suméria *Epopeia de Gilgamesh*, escrita entre 2150 a.C. e 1400 a.C. e considerada a mais antiga obra épica da literatura mundial. Elaborada em tábua de argila, narra a história do rei mesopotâmico Gilgamesh, que teria reinado por 126 anos.[1] Eis alguns versos:

AO LADO DO MAR ELA MORA, A MULHER DA VIDEIRA, A FABRICANTE DO VINHO; SIDURI SENTA-SE NO JARDIM À BEIRA DO MAR COM A TAÇA DE OURO E OS TANQUES DE OURO QUE OS DEUSES LHE DERAM.[2]

---

1   MARK, J. J. Gilganesh. **Ancient History Encyclopedia,** 29 mar. 2018. Disponível em: <https://www.ancient.eu/gilgamesh/>. Acesso: 29 abr. 2018.
2   Disponível em: <http://bradley.bradley.edu/~tjp/siduri.html>. Acesso em: 29 abr. 2018.

Guerra de Troia e *Ilíada,* obras clássicas de Homero (século VIII a.C.), o mais famoso poeta grego da Antiguidade, contêm relatos sobre o consumo e a produção do vinho. E no poema épico *Odisseia,* ou *Aventuras de Ulisses*, outra famosa obra de Homero, transformada em filme em 1954 (Kirk Douglas) e com remake em 1997 (Armand Assante), Ulisses faz o gigante de um olho só, Polifemo, adormecer oferecendo-lhe o vinho de Maro, doce e forte.

Também desse período antes de Cristo, temos outro exemplo bastante significativo: *As bacantes*, texto escrito pelo teatrólogo grego Eurípides, no século V a.C. Teria sido a primeira obra a relacionar o deus Baco ao vinho.

Mais próximo de nós, temos **Omar Khayyam**, matemático, astrônomo e poeta persa, que teria nascido em 1048, no atual Irã, e que acabou ficando realmente famoso como poeta somente em 1859, com a tradução de seus *Rubaiyat* (quartetos rimados) pelo poeta inglês Edward Fitzgerald. Em vários desses quartetos, o poeta "canta" o bem trazido pelo vinho às nossas vidas, fato que, de certa forma, desafia as leis muçulmanas, uma vez que o vinho é proibido segundo os ensinamentos do Isla. Alguns de seus quartetos estão espalhados por esse livro e servem de reflexão... Khayyam exalta a vida em seus quartetos e a importância de vivermos o "aqui e agora":

> BUSCA A FELICIDADE AGORA,
> NÃO SABES DE AMANHÃ.
> APANHA UM GRANDE COPO
> CHEIO DE VINHO, SENTA-TE AO LUAR,
> E PENSA: TALVEZ AMANHÃ A LUA ME
> PROCURE EM VÃO.

Macbeth (*c.* 1603), do dramaturgo britânico William Shakespeare; *O mandarin* (1880), de Eça de Queirós; e *O triste fim de Policarpo Quaresma* (1911), de Lima Barreto, são outros exemplos clássicos presentes na literatura, cujos personagens fazem menção ao consumo do vinho.

Já *A alma do vinho*, de Waldemar Rodrigues Pereira Filho, de 2010, procura mostrar que o vinho sempre esteve presente junto às mentes criativas de diferentes épocas e estilos literários. Traz quarenta textos consagrados mundialmente, incluindo o Velho Testamento, Voltaire, Goethe, Edgar Allan Poe, Baudelaire, Machado de Assis, Eça de Queirós, entre outros. Esse é um pequeno trecho de Goethe, por exemplo, poeta alemão presente no livro:

> SENTADO SOZINHO,
> HAVERIA MELHOR LUGAR?
> O MEU VINHO
> BEBO SOZINHO.
> NINGUÉM A ME INCOMODAR,
> E EU NAS IDEIAS A VIAJAR.

Música

O mundo da música apresenta muitos exemplos de canções que integram o vinho em sua letra. Quem não se lembra da fantástica música *Cálice*, de Chico Buarque e Milton Nascimento (1978), que emprega a palavra cálice com duplo sentido?

**PAI, AFASTA DE MIM ESSE CÁLICE
DE VINHO TINTO DE SANGUE**

A música italiana *Champagne*, interpretada por Peppino di Capri, nos anos 1970, também fez um sucesso enorme no Brasil.

Outras, como *Cracklin' Rose*, de Neil Diamond (hit na Billboard Hot 100, de 1970), falam do vinho como companheiro. Nessa música, "Cracklin' Rosie" é um tipo de vinho.

Algumas canções, entretanto, somente mencionam o vinho, como é o caso de *Hotel California*, de 1976, da banda Eagles:

**SO I CALLED UP THE CAPTAIN,
'PLEASE BRING ME MY WINE'
HE SAID, 'WE HAVEN'T HAD THAT
SPIRIT HERE SINCE NINETEEN
SIXTY-NINE' […]**

Há muitas outras, como esse trecho do reggae *Red Red Wine*, da banda UB40, de 1983:

**RED, RED WINE, GOES TO MY HEAD,
MAKES ME FORGET THAT I
STILL NEED YOU SO
RED, RED WINE, IT'S UP TO YOU
ALL I CAN DO, I'VE DONE
BUT MEMORIES WON'T GO
NO, MEMORIES WON'T GO […]**

Ou ainda essa canção do grupo Ira, de 1999, *Bebendo vinho*:

**VOU ME ENTORPECER
BEBENDO VINHO
EU SIGO SÓ O MEU CAMINHO […]**

Pintura e escultura

QUEM SABE SABOREAR NÃO BEBE VINHO, MAS SABOREIA SEGREDOS
SALVADOR DALÍ

O mundo das artes participa do mundo do vinho de diferentes formas. Facilmente se encontram obras clássicas, religiosas ou naturezas-mortas que trazem o vinho – seja em cálices ou ânforas, seja em diferentes garrafas – ou o próprio deus do vinho em suas representações. Um dos exemplos é a obra *Baco*, do famoso pintor barroco Caravaggio (1595), que se encontra na Galleria Uffizi, em Firenze. Esculturas do deus do vinho e máscaras também de Baco e Dionísio são as expressões mais reproduzidas no mundo da escultura.

Não é difícil encontrarmos também obras de artistas que usam o vinho como "tinta" na técnica da aquarela. Artistas contemporâneos também têm criado quadros para amantes do vinho e para espaços comerciais. A quantidade de opções é enorme.

Outra forma de combinação das artes com o vinho são as sessões oferecidas por empresas especializadas em **"pintura e vinho"**. As pessoas interessadas podem participar de uma aula de pintura coletiva, oferecer uma festa onde os convidados festejarão pintando um quadro ou ainda participar de uma sessão com amigos para se divertir. Todas essas opções sempre estarão acompanhadas de um cálice de vinho para **beber e pintar!**

Outro modo, e talvez o mais representativo na atualidade, é a associação de galerias de arte a vinícolas ou wine bars, como já vimos em exemplos nos outros capítulos.

O vinho, na maioria dos países, está ligado à sofisticação, e a galeria de arte também pode ser um local altamente sofisticado. Um dos exemplos mais completos dessa integração "arte e vinho" está presente na vinícola **Tenuta Biodinamica Mara**. O proprietário utilizou artistas para pintarem os tonéis de amadurecimento do vinho e criou, em duas paredes externas, "afrescos" pintados na cor do vinho, representando cenas de trabalhadores do campo e dos vinhedos, também de autoria de artista local. Uma verdadeira galeria de arte está espalhada pelos ambientes no interior da vinícola, e os campos receberam diversas esculturas espalhadas por entre as vinhas, estreitando ainda mais os laços entre o vinho e a arte.

ANEXO
Wine bars, wine shops, enotecas, caves, adegas...

AL BRINDISI, Via Adelardi, 11 – Ferrara, Itália

BAR BINA, Via G. Colombari, 9 – Morciano di Romagna, Rimini, Itália

BRECON WINERY, 7450 Vineyard Drive – Paso Robles, Califórnia, USA

BUONA BOCCA, Lane 4 Xingfu 3 Village, Xindong Road, Chaoyang District, 1/F, Building 4, Shoukai Bojun Xingfu – Beijing, China

BY THE WINE, Rua Flores, 41/43 – Lisboa, Portugal

CAFFÈ DEL MONTE, Via Baldassini, 2 – Pesaro, Itália

CANTINA TRAMIN, Str. del Vino, 144 – Termeno, Itália

CAPELA INCOMUM, Travessa do Carregal, 77, 79, 81 – Porto, Portugal

CASA GRANDE DO SEIXO, Freguesia de Loivos – Seixo, Portugal

CHAMP'S DA BAIXA, Rua de Sá da Bandeira, 467 – Porto, Portugal

CHÂTEAU CHANGYU MOSER XV CO., 359 Liu Pan Shan Road – Yinchuan City, Ningxia, China

ENOTECA DAI TOSI, Via Bruno Buozzi, 12 – Matera, Itália

ESTACA ZERO, Rua de São João da Praça, 13 – Lisboa, Portugal

LATINA ADEGA, Rua Dr. Alberto Souto, 22a – Aveiro, Portugal

MADRIGAL FAMILY WINERY/TASTING SAUSALITO WINE SALON & GALLERY, 819 Bridgeway – Sausalito, USA

O ALBERGUE, Calle Seijas, 6 – Tui, Espanha

OSTERIA COE, Via Caduti di Malga Zonta, 7, Loc. Passo Coe – Folgaria, Itália

OSTERIA DE BORG, Via Forzieri, 12 – Borgo di San Giuliano, Rimini, Itália

QUINTA DA PACHECA, Cambres – Lamego, Portugal

QUINTA DE ARCOSSÓ, Lugar do Penedo do Lobo, 9 – Arcossó, Portugal

QUINTA DE CASALDRONHO WINE HOTEL, Valdigem – Lamego, Portugal
QUINTA DO NOVAL, Avenida Diogo Leite, 254 – Vila Nova de Gaia, Portugal
REGIÃO DE WACHAU, proximidades de Viena, Áustria
S'TRAMINER WEINHAUS, Strada del Vino, 15 – Termeno sulla Strada del Vino, Itália
SCHLUMBERGER, Heiligenstaedter Strasse, 39 – Viena, Áustria
SPAZI, Piazza Cavour, 5 – Rimini, Itália
TÁBUAS PORTO WINE TAVERN, Rua dos Bacalhoeiros, 143 – Lisboa, Portugal
TENUTA BIODINAMICA MARA, Via Ca'Bacchino, s/n – San Clemente, Itália
THE WINE BOX, Rua dos Mercadores, 72 – Porto, Portugal
TREESESSANTA, Via XXXVIII de Luglio, 160 – Borgo Maggiore, República de San Marino
VINOTECA COPO & ALMA, Rua de Mouzinho da Silveira, 88/90 – Porto, Portugal
VINOTECA VIDES, Calle Libertad, 12 – Madri, Espanha
VINOTHEK W-EINKEHR, Laurenzerberg 1 – Viena, Áustria
VINUM ENOTECA, Via Brennero, 28 – Bolzano, Itália
VOYAGER ESTATE, 41 Stevens Rd – Margaret River, Austrália
WEIN & CO, Jasomirgottstrasse 3/5 – Viena, Austria
WINE BAR LEONARDO DA VINCI, Rua Principal, 40 – Jericoacoara, Ceará, Brasil
WINE HOSTEL, Campo Mártires da Pátria, 52 – Porto, Portugal
WINE INDUSTRY VINOTECA Y PICOTEO, Carrer de Pou, 31 – Palma de Mallorca, Espanha
ZANOTTI REFRIGERAÇÃO, Rua João Clapp, 421 – Ribeirão Preto, São Paulo, Brasil

Bibliografia

ADAMES, C. A evolução dos copos. **Revista Adega**, 8 nov. 2013. Disponível em: <https://revistaadega.uol.com.br/artigo/evolucaodos-copos_9573.html#ixzz5Dr4Tqom5>. Acesso em: 2 fev. 2018.

AMARANTE, J. O. A. do. **Vinhos do Brasil e do mundo para conhecer e beber**. São Paulo: Summus, 1983.

ARCHDAILY. Brecon Estate Winery/Aidlin Darling Desing. 10 maio 2016. Disponível em: <https://www.archdaily.com/787147/breconestate-winery-aidlin-darling-design>. Acesso em: 19 mar. 2018.

BUSSO, M. (Org.). **Vinibuoni d'Italia**. Milan: Touring Club Italiano, 2018.

CASAGRANDE, G.; PEDERZOLLI, N. **Cucina trentina: I prodotti tipici e le ricette della tradizione**. Crocetta del Montello, Italia: Terra Ferma/Panorama, 2012.

COELHO, S. O. Nesta capela só se presta culto ao vinho. E não é pecado. **Observador**, 22 fev. 2016. Disponível em: <https://observador.pt/2016/02/22/nesta-capela-so-presta-culto-ao-vinho-nao-pecado>. Acesso em: 14 mar. 2018.

CONSORZIO Vini San Marino. San Marino. Due vini premiati con la medaglia d'argento al Concours Mondial de Bruxelles. **Libertas**, 27 maio 2017. Disponível em: < http://www.libertas.sm/notizie/2017/05/27/san-marino-due-vini-premiati-con-la-medaglia-dargento-al-concours-mondial-de-bruxelles.html>. Acesso em: 17 maio 2018.

CORKSCREWSONLINE.COM. Antique & Vintage Corkscrew Guide. [s.d.] Disponível em: <http://www.corkscrewsonline.com/corkscrew_guide_henshall.html>. Acesso em: 5 mar. 2018.

CORKWAY. A história da cortiça. [s.d.] Disponível em: <https://www.corkway.pt/artigos/historia-da-cortica>. Acesso em: 17 dez. 2017.

COURTNEY, S. The history and revival of screwcaps. **Wine of the week**, dez. 2004. Disponível em: <https://www.wineoftheweek.com/screwcaps/history.html>. Acesso em: 18 mar. 2018.

DONAU Niederösterreich Tourismus GmbH. The Wachau: a world heritage region. Spitz (Baixa Áustria), 2016.

FLEURY, T. Que taça escolher? **Revista Adega**, 12 ago. 2018. Disponível em: <https://revistaadega.uol.com.br/artigo/que-tacaescolher_149.html#ixzz5Dr6f84X1>. Acesso em: 2 fev. 2018.

FOLHA Online. Vinho é inspiração para renomados escritores; leia poema de Goethe. **Folha de S.Paulo**, 26 jan. 2010. Disponível em: <https://www1.folha.uol.com.br/folha/livrariadafolha/ult10082u684256.shtml>. Acesso em: 14 mar. 2018.

GALVÃO, S. **A cozinha e os seus vinhos**. São Paulo: Editora Senac São Paulo, 1999.

GE, C. China's new wine lovers: affluent millennials drinking more, turning to France, Chile and Australia. **South China Morning Post**, 26 jun. 2016. Disponível em: <http://www.scmp.com/news/china/money-wealth/article/1981534/chinas-new-wine-loversaffluent-millenials-drinking-more>. Acesso em: 17 mar. 2018.

GESKE, C. **Stuff Dutch People Eat**. Amsterdam: Stuff Dutch People Like, 2016.

GRIZZO, A. Conheça a história do vinho. **Revista Adega**, 20 jun. 2016. Disponível em: <https://revistaadega.uol.com.br/artigo/historia-do-vinho-e-o-vinho-na-historia_9693.html#ixzz5EMBQjqpu>. Acesso em: 17 dez. 2017.

_____. Omar Khayyam desafiou as leis islâmicas para celebrar o vinho e a vida. **Revista Adega**, 28 dez. 2015. Disponível em: <https://revistaadega.uol.com.br/artigo/o-poeta-dovinho_9738.html>. Acesso em: 14 mar. 2018.

_____. Sua adega na medida certa. **Revista Adega**, 28 mar. 2016. Disponível em: <http://revistaadega.uol.com.br/artigo/adegaproporcional_9734.html#ixzz5EVUZAa00>. Acesso em: 22 maio 2018.

GURGEL, M. **Design passivo: baixo consumo energético**. São Paulo: Editora Senac São Paulo, 2012.

_____. **Projetando espaços: design de interiores**. 6. ed. São Paulo: Editora Senac São Paulo, 2007.

_____. **Projetando espaços: guia de arquitetura de interiores para áreas residenciais**. 7. ed. São Paulo: Editora Senac São Paulo, 2003.

KRUGER, G. O que é uma marca e o que é branding? **E-Commerce Brasil**, 9 abr. 2015. Disponível em: <www.ecommercebrasil.com.br/artigos/o-que-e-uma-marca-e-o-que-e-branding>. Acesso em: 18 dez. 2018.

LONA, A. A. **Vinhos: degustação elaboração e serviço**. 4. ed. Porto Alegre: Age, 1999.

LONGCHAMPS, K. de. Vintage view: wine decanters. **Irish Examiner**, 7 mar. 2015. Disponível em: <https://www.irishexaminer.com/lifestyle/homeandinteriors/designanddecor/vintage-view-wine-decanters-317020.html>. Acesso em: 5 dez. 2017.

MALIN, J. A brief history of the wine corkscrew. **Vinepair**, 27 out. 2014. Disponível em: <https://vinepair.com/wine-blog/history-of-the-wine-corkscrew/>. Acesso em: 14 out. 2017.

MANSKA, G. The untold story of wine and spirits glass evolution. **LinkdIn**, 2016. Disponível em: <https://www.linkedin.com/pulse/untold-story-wine-spirits-glass-evolution-part-1-3-george-manska>. Acesso em: 6 fev. 2018.

MARQUES, C. J.; SUASSUNA, L. Como o brasileiro toma vinho. **ISTOÉ**, 5 dez. 2008. Disponível em: <https://istoe.com.br/2113_COMO+O+BRASILEIRO+TOMA+VINHO/>. Acesso em: 2 jan. 2018.

MOLINARI, L. (Org.). **Cantine da collezione**. Firenze, Italia: Forma, 2017.

MONTANARI, M. **A comida como cultura**. 2. ed. São Paulo: Editora Senac São Paulo, 2017.

OPAZ, R. Spain is not a wine loving country, it's a wine consuming country. **Catavino**, [s.d.]. Disponível em: <https://catavino.net/spain-is-not-a-wine-loving-country-its-a-wine-consuming-country>. Acesso em: 22 mar. 2018.

PEYNAUD, E. **Conhecer e trabalhar o vinho**. Lisboa: Litexa, 1981.

_____; BLOUIN, J. **Descobrir o gosto do vinho**. Lisboa: Litexa, 1999.

PINHONI, M. Brasileiros bebem mais que restante do mundo; veja como. **Revista Exame**, 13 set. 2016. Disponível em: <https://exame.abril.com.br/brasil/brasil-bate-o-mundo-na-hora-de-beber-conheca-os-beberroes>. Acesso em: 21 mar. 2018.

RAMALHO, M. de M.; CARDOSO, A. H. **Portugal, wine & lifestyle**. Lisboa: By the Book Edições Especiais, [s.d.].

RANGEL, J. Seis passos para transformar a cultura do vinho no Brasil. **Divina e Vinho**, 16 maio 2017. Disponível em: <https://divinaevinho.com/2017/05/16/6-passos-para-transformar-a-cultura-do-vinho-no-brasil>. Acesso em: 21 mar. 2018.

VIANNA JUNIOR, D.; SANTOS, J. I.; LUCKI, J. **Conheça vinhos**. 3. ed. São Paulo: Editora Senac São Paulo, 2010.

SCANLAN, J. Pop! The history of the champagne cork and cage. **MOLD**, 2 mar. 2015. Disponível em: <https://thisismold.com/object/drinkware/pop-the-history-of-the-champagne-cork-and-cage#.W7OqvmhKiUl>. Acesso em: 18 mar. 2018.

SCOTT, M. How the wine label became an art form. **Post Magazine**, 24 ago. 2016. Disponível em: <https://www.scmp.com/magazines/post-magazine/long-reads/article/2008332/how-wine-label-became-art-form>. Acesso em: 29 abr. 2018.

THE HISTORY OF DECANTERS, 21 fev. 2011. Disponível em: <http://siz83-thehistoryofdecanters.blogspot.com.au>. Acesso em: 12 mar. 2018.

THE HISTORY of the Wine Bottle Corkscrew. **Julio's Liquors**, 17 jun. 2013. Disponível em: <https://juliosliquors.com/online/index.php/the-history-of-the-wine-bottle-corkscrew>. Acesso em: 12 mar. 2018.

VALDUGA, L. Vinhos e churrasco: como aproveitar ainda mais esta grande combinação! **Famiglia Valduga Co.**, 23 fev. 2017. Disponível em: <http://blog.famigliavalduga.com.br/vinhos-e-churrasco-como-aproveitar-ainda-mais-esta-grande-combinacao>. Acesso em: 19 mar. 2018.

VINEA Wachau Nobilis Districtus. Wachau souterrain, geology and wine. Spitz: 25 set. 2014.

VINITUDE. Taças: origens e evolução. **Clube dos vinhos**, set. 2013. Disponível em: <https://www.clubedosvinhos.com.br/tacas-origens-e-evolucao>. Acesso em: 4 fev. 2018.

WALDSTEIN, A. Austrian Wines... a quick glance at an old wine culture. **Wine Blog**, 28 out. 2010. Disponível em: <http://arnoldwaldstein.com/2010/10/austrian-winesa-quick-glance-at-an-old-wine-culture-part-1>. Acesso em: 17 mar. 2018.

WESTWOOD, M. Spanish life: seven things to do if you want to live like a local. **The Telegraph**, 18 maio 2016. Disponível em: <https://www.telegraph.co.uk/expat/education-and-family/expat-guide-to-spanish-success---how-to-become-a-local-in-seven>. Acesso em: 14 mar. 2018.

WILL. Decanting history: learning more about drinking vessels. **The Old Timey**, [s.d.]. Disponível em: <http://theoldtimey.com/decanting-history-learning-drinking-vessels>. Acesso em: 5 dez. 2017.

Sites

http://noticias.winetoyou.es

http://schiller-wine.blogspot.com

http://vinosdo.wine

http://www.consorziovini.sm

http://www.ibravin.org.br

http://www.kcblau.com

http://www.oiv.int

http://www.vinhosdobrasil.com.br/pt

http://www.winelit.slsa.sa.gov.au/design.htm

http://www.wineponder.com

https://portugalconfidential.com

https://rocknuts.net

https://www.butlersantiques.com/en-GB/modern-drinking-glasses/prodcat_1069

https://www.federdoc.com

https://www.inao.gouv.fr

https://www.winery-sage.com

www.academiadovinho.com.br

Sobre os autores

AGILSON GAVIOLI

Docente do Senac São Paulo na área de Sala & Bar, fez cursos de vinhos e degustações que culminaram na formação de sommelier e também pós-graduação em docência no ensino superior, passando a ministrar aulas sobre bebidas. Acompanha as tendências de mercado e as novidades por meio de viagens, feiras e networking, e também dá palestras e sugere vinhos em harmonizações para todos os tipos de gastronomia.

Atualmente ocupa o cargo de diretor técnico da SBAV-SP, a confraria de vinhos mais antiga do Brasil, fundada em 1980, além de ajudar na montagem de cartas de bebidas para restaurantes. Participa ainda de uma confraria direcionada ao propósito de harmonizar a gastronomia brasileira com os vinhos, chamada, muito acertada e carinhosamente, de "Taninos no Tucupi".

MIRIAM GURGEL

Arquiteta pela Universidade Presbiteriana Mackenzie com aperfeiçoamento em cursos na Itália, atua nas áreas de arquitetura, design e design de interiores. Reside na Austrália há 19 anos, onde lecionou nos cursos de extensão da University of Western Australia (UWA) e nos cursos de formação de designers de residências no Central Tafe, ambos em Perth, WA. Atua também como consultora e palestrante, ministrando aulas ao vivo ou em videoconferência para diferentes universidades do Brasil.

Autora de *Projetando espaços: guia de arquitetura de interiores para áreas residenciais*; *Projetando espaços: guia de arquitetura de interiores para áreas comerciais*; *Projetando espaços: design de interiores*; *Organizando espaços: guia de decoração e reforma de residências*; *Design passivo: baixo consumo energético*; *Café com design: a arte de beber café*; e *Cerveja com design*, obras publicadas pela Editora Senac São Paulo.

Créditos das imagens

FOTOS

© Agilson Gavioli: p. 57, p. 62, p. 63, p. 77. | © Amato Cavalli: p. 21, p. 24, p. 27, p. 29, p. 90, p. 96, p. 97, p. 99, p. 111, p. 132, p. 135, p. 147, p. 150, p. 151, p. 152, p. 157, p. 158, p. 162, p. 173, p. 180, p. 189. | © Andrea Marrey: p. 121. | © Brecon Winery: p. 129, p. 210. | © Cantina Tramin: p. 187. | © Chateau Changyu Moser XV: p. 214. | © Delfino Sisto Legnani: p. 142, p. 195. | © Ivan Gonzalez Gainza: p. 125. | © jeffmstay/Gettyimages: p. 10 | © jeka1984/Gettyimages: p. 8 | © Madrigal Family: p. 130. | © Mário Lavrador/Gettyimages: p. 86 | © Miriam Gurgel: p. 54, p. 56, p. 58, p. 59, p. 59, p. 67, p. 16, p. 17, p. 19, p. 22, p. 23, p. 25, p. 26, p. 92, p. 93, p. 100, p. 105, p. 106, p. 116, p. 117, p. 118, p. 137, p. 138, p. 140, p. 141, p. 145, p. 146, p. 148, p. 149, p. 188, p. 196, p. 205, p. 211, p. 212, p. 219. | © Plateresca/Gettyimages: p. 6 | © Quinta de Casaldronho: p. 209. | © RomoloTavani/Gettyimages: p. 48 | © Studio Ramoprimo: p. 123. | © Viña Laura Hartwig: p. 56. | © Vinhedo Atílio e Angela Mochi: p. 49. | © Vinícola Guaspari: p. 55, p. 60. | © Vinoteca Vides: p. 126. | © Zanotti Refrigeração: p. 193. | © zozzzzo/Gettyimages: p. 30

ILUSTRAÇÕES

© Miriam Gurgel: p. 129, p. 161, p. 166, p. 167, p. 168, p. 169, p. 170, p. 171, p. 172, p. 175, p. 179, p. 181, p. 182, p. 200, p. 201, p. 202, p. 203, p. 208.